教材+教案+授课资源+考试系统+题库+教学辅助案例

一站式 IT 系列就业应用教材

Photoshop CS6 图像设计案例教程

黑马程序员　编著

中国铁道出版社有限公司

CHINA RAILWAY PUBLISHING HOUSE CO., LTD.

内 容 简 介

Photoshop CS6 是由 Adobe 公司开发的一款图形图像处理软件，它具有强大的图像处理功能，是平面设计人员和图像处理爱好者必须掌握的基本图像设计软件。

本书共分 12 章，第 1 章介绍基础内容，第 2～9 章介绍基础工具和应用，第 10～12 章介绍综合应用。结合 Photoshop CS6 的基本工具和基础操作，提供了 38 个精选综合案例，以及 1 个项目实战案例。

本书具有 4 个突出特点：一是采用了理论联系实际的案例驱动式教学方法，以每节一个案例的形式，按节细化知识点，用案例带动知识点的学习，将抽象的知识形象地传授给读者；二是知识点的讲解细而全，用 9 章的篇幅全面而循序渐进地介绍了 Photoshop CS6 的基础工具；三是案例涉及面广，涉及名片、海报、图标、Logo、广告、网页等多个方面，实用性和趣味性兼顾；四是商业实用性强，用 3 章的篇幅讲解了优秀的商业应用案例，为读者日后的工作奠定理论和实践基础。

本书附有配套视频、素材、习题、教学课件等资源，而且为了帮助初学者更好地学习本书讲解的内容，还提供了在线答疑，希望得到更多读者的关注。

本书适合作为高等院校本、专科相关专业的平面设计课程的教材，也可作为 Photoshop 的培训教材，适合网页制作、美工设计、广告宣传、包装装帧、多媒体制作、视频合成、三维动画辅助制作等行业人员阅读与参考。

图书在版编目（CIP）数据

Photoshop CS6 图像设计案例教程/黑马程序员编著. —2 版. —北京：
中国铁道出版社有限公司，2020.3（2025.2 重印）
国家软件与集成电路公共服务平台信息技术紧缺人才培养工程指定教材
ISBN 978-7-113-26086-6

Ⅰ.①P… Ⅱ.①黑… Ⅲ.①图像处理软件-高等学校-教材
Ⅳ.①TP391.413

中国版本图书馆 CIP 数据核字（2019）第 164157 号

书　　名：Photoshop CS6 图像设计案例教程		
作　　者：黑马程序员		

策　　划：翟玉峰	编辑部电话：（010）51873135
责任编辑：翟玉峰	
封面设计：王　哲	
封面制作：刘　颖	
责任校对：张玉华	
责任印制：赵星辰	

出版发行：中国铁道出版社有限公司（100054，北京市西城区右安门西街 8 号）
网　　址：https://www.tdpress.com/5leds
印　　刷：三河市宏盛印务有限公司
版　　次：2015 年 1 月第 1 版　2020 年 3 月第 2 版　2025 年 2 月第 7 次印刷
开　　本：787 mm×1 092 mm　1/16　印张：20.25　字数：486 千
印　　数：31 001～34 000 册
书　　号：ISBN 978-7-113-26086-6
定　　价：49.80 元

前　言

Photoshop 因其强大的图像处理功能，已经成为最为流行的图像处理软件之一，备受使用者的青睐。虽然 Adobe 旗下媒体、图像处理软件数不胜数，但 Photoshop 依旧是 Adobe 的主流产品，对于设计人员和图像处理爱好者来说，Photoshop 都是不可或缺的工具，具有广阔的发展空间。本书将对 Photoshop CS 系列的版本——Photoshop CS6 进行详细讲解，带领读者领略其强大的图像处理功能。

本书摒弃了传统 Photoshop 书籍讲菜单、讲工具的教学方式，采用了理论联系实际的"案例驱动"方式，通过案例教学，将基础知识点、工具的操作技巧融入每一个案例中，使读者在实现案例效果的同时，掌握 Photoshop CS6 基础工具的操作，真正做到寓学于乐。本书在第一版《Photoshop CS6 图像设计案例教程》的基础上改版，在优化原图书内容的同时，又新增了设计基础和设计应用的内容。全书共分 12 章，第 1 章介绍基础内容，第 2~9 章介绍基础工具和应用，第 10~12 章介绍综合应用。具体内容如下。

第 1 章介绍了图像处理基础知识与 Photoshop CS6 的工作界面及其基本操作等知识。

第 2、3 章介绍了图层与选区工具的基本操作与高级技巧，主要包括图层与选区的概念、常用的选区工具、渐变工具等。

第 4 章介绍了形状与路径的创建及应用。

第 5 章介绍了图层样式与文字工具的使用方法。

第 6 章介绍了色彩调节与通道的应用。

第 7 章介绍了图层混合模式与蒙版的使用方法。

第 8 章介绍了常见滤镜效果的应用。

第 9 章介绍了时间轴、动作和 3D 的相关知识。

第 10 章介绍了平面设计中名片、DM 等知识。

第 11 章介绍了 UI 设计的相关知识，主要包括 Logo、Banner、图标、网页等相关知识。

第 12 章为综合实例，结合前面学习的知识，带领读者设计一个真实的项目实战。

在上面提到的 12 章中，第 2~11 章以每节一个综合案例、复杂的部分用动手体验案例的形式来呈现，按节细化知识点，用案例带动知识点的学习，在学习这些章节时，读者需要多上机实践，认真体会各种工具的操作技巧。第 12 章为真实项目实战，在学习时，读者需要仔细琢磨其中的设计思路、技巧和理念。

在学习过程中，读者一定要亲自实践教材中的案例。如果不能完全理解书中所讲知识，读者可以登录高校学习平台，通过平台中的教学视频进行深入学习。学习完一个知识点后，要及时在高校学习平台上进行测试，以巩固学习内容。如果在实践的过程中遇到一些难以实现的效果，读者也可以参阅相应的案例源文件，查看图层文件并仔细阅读教材的相关步骤。

配套服务

为了提升您的学习或教学体验，我们精心为本书配备了丰富的数字化资源和服务，包括在线答疑、教学大纲、教学设计、教学 PPT、教学视频、测试题、素材等。通过这些配套资源和服务，您的学习或教学可以变得更加高效。请扫描本书二维码获取配套资源和服务。

致谢

本书的编写和整理工作由传智播客教育科技有限公司完成，全体编写人员在编写过程中付出了辛勤的汗水，此外，还有很多人员参与了本书的试读工作并给出了宝贵的建议，在此一并表示衷心的感谢。

意见反馈

尽管我们尽了最大的努力，但书中难免仍会有不妥之处，欢迎各界专家和读者朋友们来信给予宝贵意见，我们将不胜感激。您在阅读本书时，如发现任何问题或有不认同之处可以通过电子邮件与我们取得联系。

请发送电子邮件至：itcast_book@vip.sina.com。

黑马程序员
2024 年 12 月

目 录

第①章　概　　述

学习目标

- 了解位图、矢量图的基础知识以及常用的图像格式。
- 了解像素和分辨率的概念。
- 了解三原色、色彩属性、色彩模式等基础知识。
- 掌握 Photoshop CS6 工作界面，及其基本操作。

Photoshop 是 Adobe 公司旗下最为出名的图像处理软件之一。它提供了灵活便捷的图像制作工具，强大的像素编辑功能，被广泛运用于数码照片后期处理、平面设计、网页设计以及 UI 设计等领域。本章将带领读者了解计算机世界的数字图像、图像的色彩、图像的制作软件——Photoshop 等知识，为全书的学习奠定一定的基础（本书统一采用 Photoshop CS6 进行讲解，并统称为 Photoshop）。

1.1　计算机世界的数字图像

在使用 Photoshop CS6 进行图像绘制与处理之前，首先需要了解一些与图像处理相关的知识，以便快速、准确地处理图像。本节将针对位图与矢量图、常用的图像格式、像素、分辨率等图像处理基础知识进行详细讲解。

1.1.1　位图与矢量图

计算机图形主要分为两类，一类是位图图像，另一类是矢量图形。Photoshop 是典型的位图软件，但也包含一些矢量功能。

1. 位图

位图也称点阵图（Bitmap Images），它是由许多点组成的，这些点称为像素（本章将在 1.1.3 小节介绍像素，此处不再做过多赘述）。当许多不同颜色的点组合在一起后，便构成了一副完整的图像。

位图的优点是可以记录每一个点的数据信息，从而精确地制作色彩和色调变化丰富的图像，以及逼真地表现自然界各类实物。位图的缺点是，第一，由于位图表现的色彩比较丰富，所以占用的空间会很大，简而言之，颜色信息越多，占用空间越大，图像越清晰，占用空间越大；其次，由于位图是由一个一个像素点组成，当放大图像时，像素点也放大了，因为每个像素点表示的颜色是单一的，所以在位图放大到一定程度后，图像就会失真，边缘会出现锯齿，如图 1-1 所示。

（a）原图　　　　　　　　　　　　　　　　（b）局部放大

图 1-1　位图原图与放大图对比

2. 矢量图

矢量图也称向量式图形，它使用数学的矢量方式来记录图像内容，以线条和色块为主。矢量图像最大的优点是无论放大、缩小或旋转都不会失真；缺点是无法像位图那样表现丰富的颜色变化和细腻的色彩过渡。以矢量图形 1-2 为例，将其放大至 600%后，局部效果如图 1-3 所示。通过图 1-3 可以看到，放大后的矢量图像依然光滑、清晰。

图 1-2　矢量图原图　　　　　　　　　　　　图 1-3　矢量图局部放大

1.1.2　常用的图像格式

在 Photoshop 中，文件的保存格式有很多种，不同的图像格式有各自的优缺点。Photoshop CS6 支持 20 多种图像格式，下面针对其中常用的几种图像格式进行具体讲解。

1. PSD 格式

PSD 格式是 Photoshop 工具的默认格式，也是唯一支持所有图像模式的文件格式。它可以保存图像中的图层、通道、辅助线和路径等信息。

2. BMP 格式

BMP 格式是 DOS 和 Windows 平台上常用的一种图像格式。BMP 格式支持 1~24 位颜色深度，可用的颜色模式有 RGB、索引颜色、灰度和位图等，但不能保存 Alpha 通道。BMP 格式的特点是包含的图像信息比较丰富，几乎不对图像进行压缩，但其占用磁盘空间较大。

3. JPEG 格式

JPEG 格式是一种有损压缩的网页格式，不支持 Alpha 通道，也不支持透明。最大的特点是文件比较小，可以进行高倍率的压缩，因而在注重文件大小的领域应用广泛。例如，网页制作过程中的图像如横幅广告（Banner）、商品图片、较大的插图等都可以保存为 JPEG 格式。

4. GIF 格式

GIF 格式是一种通用的图像格式。它不仅是一种无损压缩格式，而且支持透明和动画。另外，GIF 格式保存的文件不会占用太多的磁盘空间，非常适合网络传输，是网页中常用的图像格式。

5. PNG 格式

PNG 格式是一种无损压缩的网页格式。它结合 GIF 和 JPEG 格式的优点，不仅无损压缩，体积更小，而且支持透明和 Alpha 通道。由于 PNG 格式不完全适用于所有浏览器，所以在网页中比 GIF 和 JPEG 格式使用的少。但随着网络的发展和因特网传输速度的改善，PNG 格式将是未来网页中使用的一种标准图像格式。

6. AI 格式

AI 格式是 Adobe Illustrator 软件所特有的矢量图形存储格式。在 Photoshop 中可以将图像保存为 AI 格式，并且能够在 Illustrator 和 CorelDRAW 等矢量图形软件中直接打开并进行修改和编辑。

7. TIFF 格式

TIFF 格式用于在不同的应用程序和不同的计算机平台之间交换文件。它是一种通用的位图文件格式，几乎所有的绘画、图像编辑和页面版式应用程序均支持该文件格式。

TIFF 格式能够保存通道、图层和路径信息，由此看来它与 PSD 格式并没有太大区别。但实际上，如果在其他程序中打开 TIFF 格式所保存的图像，其所有图层将被合并，只有用 Photoshop 打开保存了图层的 TIFF 文件，才可以对其中的图层进行编辑修改。

1.1.3 像素

像素（Pixel）的全称为图像元素，缩写为 px，是用来计算数码影像的一种单位，如同摄影的相片一样，数码影像也具有连续性的浓淡阶调，若把影像放大数倍，会发现这些连续色调其实是由许多色彩相近的小方点所组成，这些小方点就是构成影像的最小单位，即像素，如图 1-4 所示。

图 1-4 像素

1.1.4 分辨率

分辨率可以分为显示分辨率与图像分辨率两类，具体解释如下。

1. 显示分辨率

显示分辨率是屏幕图像的精密度，是指显示屏所能显示的像素有多少。由于屏幕上的点、线和面都是由像素组成的，显示屏可显示的像素越多，画面就越精细，同样的屏幕区域内能显示的信息也越多，所以分辨率是个非常重要的性能指标之一。

例如 iPhone 7 的屏幕分辨率为 $750 \times 1\,334$ 像素，就是说 iPhone 7 的屏幕是由 750 列和 1 334 行的像素点排列组成的。在相同屏幕尺寸中，如果像素点很小，那画面就会清晰，我们称之为高分辨率，如果像素点很大，那画面就会粗糙，我们称之为低分辨率。图 1-5 所示为 iPhone 4 和 iPhone 8 的分辨率对比图。

2. 图像分辨率

图像分辨率是每英寸图像内有多少个像素点，通常

图 1-5　分辨率对比

被用在 Photoshop 中。图像分辨率越高，图像越清晰。但是分辨率过高会导致图像文件过大，因此，在设置分辨率时，需要考虑图像的用途。在 Photoshop 中，默认的分辨率是 72 像素/英寸。通常情况下，网页上图像的分辨率使用默认分辨率即可；彩色印刷图像的分辨率为 300 像素/英寸。

1.2　图像的色彩

在使用 Photoshop CS6 进行图像绘制与处理时，不可避免地需要接触色彩。人对色彩是敏感的，当设计一副图像时，最先吸引注意力的就是该图像的色彩，因此了解色彩是非常重要的。本节将带领大家了解三原色、色彩属性、色彩模式等知识。

1.2.1　三原色

三原色指色彩中不能再分解的三种基本颜色，我们通常说的三原色，即洋红色、黄色、青色（是青色不是蓝色，蓝色是洋红色和青色混合的颜色），但在 Photoshop 中通常将三原色分为"色光三原色（RGB）"和"印刷三原色（CMYK）"两类，具体说明如下。

1. 色光三原色

色光三原色是指红色（Red）、绿色（Green）和蓝色（Blue），也就是 RGB，这三种颜色光线经过不同比例的混合几乎可以表现出自然界中所有的颜色，因此计算机屏幕中的颜色都用 RGB 这三个颜色的数值大小来表示。每种颜色用 8 位来记录，可以有 256（0~255）种亮度的变化。图 1-6 所示即为色光三原色。由于光线是越加越亮的，因此将这三种颜色两两混合可得到更亮的中间色。

2. 印刷三原色

由色光三原色衍生的更亮的中间色即为印刷三原色，即黄色（Yellow）、青色（Cyan）和洋红色（Magenta），但是这三种颜色的混合不能混合成真正的黑色，因此在彩色印刷中，除了使用的三原色外还要增加一版黑色，才能得出深重的颜色。图 1-7 所示即为印刷三原色。

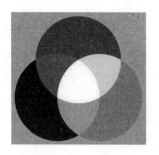

图 1-6　色光三原色

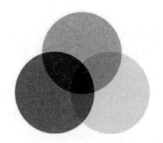

图 1-7　印刷三原色

1.2.2　色彩属性

　　色彩三属性指的是色相、饱和度、明度。任何一种颜色都具备这三种属性，下面做具体介绍。

　　（1）色相

　　色相是色彩的首要特征，是区别各种不同色彩的最准确的标准。在不同波长的光的照射下，人眼会感觉到不同的颜色，如图 1-8 所示的蓝色、红色等。我们把这些色彩的外在表现特征称为色相。

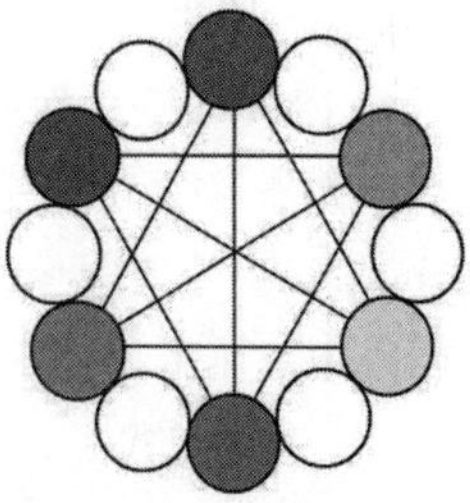

　　（2）饱和度

　　饱和度也称"纯度"，是指色彩的鲜艳度。饱和度越高，颜色越纯，色彩也越鲜明。一旦与其他颜色进行混合，颜色的饱和度就会下降，色彩就会变暗、变淡。当颜色饱和度降到最低就会失去色相，变为无彩色（黑、白、灰）。饱和度如图 1-9 所示。

图 1-8　色相

图 1-9　饱和度

　　（3）明度

　　明度指的是色彩光亮的程度，所有颜色都有不同程度的光亮。图 1-10 所示最左侧的红色明度高，最右侧的红色明度低。在无色彩中，明度最高的为白色，中间是灰色，最暗为黑色。需要注意的是，色彩明度的变化往往会影响到纯度，例如红色加入白色后，明度提高了，纯度却会降低。

图 1-10　明度

1.2.3　色彩模式

　　图像的色彩模式决定了显示和打印图像颜色的方式，常用的色彩模式有 RGB 模式、CMYK 模式、灰度模式、位图模式、索引模式等。

1. RGB 模式

RGB 颜色被称为真彩色，是 Photoshop 中默认使用的颜色，也是最常用的一种颜色模式。RGB 模式的图像由三个颜色通道组成，分别为红色通道（Red）、绿色通道（Green）和蓝色通道（Blue）。其中，每个通道均使用 8 位颜色信息，每种颜色的取值范围是 0~255，这三个通道组合可以产生 1 670 万余种不同的颜色。

另外，在 RGB 模式中，用户可以使用 Photoshop 中所有的命令和滤镜，而且 RGB 模式的图像文件比 CMYK 模式的图像文件要小得多，可以节省存储空间。不管是扫描输入的图像，还是绘制图像，一般都采用 RGB 模式存储。

2. CMYK 模式

CMYK 模式是一种印刷模式，由分色印刷的 4 种颜色组成。CMYK 4 个字母分别代表青色（Cyan）、洋红色（Magenta）、黄色（Yellow）和黑色（Black），每种颜色的取值范围是 0%~100%。CMYK 模式本质上与 RGB 模式没有什么区别，只是产生色彩的原理不同。

在 CMYK 模式中，C、M、Y 这三种颜色混合可以产生黑色。但是，由于印刷时含有杂质，因此不能产生真正的黑色与灰色，只有与 K（黑色）油墨混合才能产生真正的黑色与灰色。在 Photoshop 中处理图像时，一般不采用 CMYK 模式，因为这种模式的图像文件不仅占用的存储空间较大，而且不支持很多滤镜。所以，一般在需要印刷时才将图像转换成 CMYK 模式。

3. 灰度模式

灰度模式可以表现出丰富的色调，但是也只能表现黑白图像。灰度模式图像中的像素是由 8 位的分辨率来记录的，能够表现出 256 种色调，从而使黑白图像表现得更完美。灰度模式的图像只有明暗值，没有色相和饱和度这两种颜色信息。其中，0% 为黑色，100% 为白色，K 值是用来衡量黑色油墨用量的。使用黑白和灰度扫描仪产生的图像常以灰度模式显示。

4. 位图模式

位图模式的图像又称黑白图像，它用黑、白两种颜色值来表示图像中的像素。其中的每个像素都是用 1 bit 的位分辨率来记录色彩信息的，占用的存储空间较小，因此它要求的磁盘空间最少。位图模式只能制作出黑、白颜色对比强烈的图像。如果需要将一副彩色图像转换成黑白颜色的图像，必须先将其转换成灰度模式的图像，然后再转换成黑白模式的图像，即位图模式的图像。

5. 索引模式

索引模式是网上和动画中常用的图像模式，当彩色图像转换为索引颜色的图像后会包含 256 种颜色。索引模式包含一个颜色表，如果原图像中的颜色不能用 256 色表现，则 Photoshop 会从可使用的颜色中选出最相近的颜色来模拟这些颜色，这样可以减小图像文件的尺寸。颜色表用来存放图像中的颜色并为这些颜色建立颜色索引，且可以在转换的过程中定义或在生成索引图像后修改。

1.3　图像处理软件——Photoshop

随着人们对视觉的要求和品位日益增强，Photoshop 的应用更是不断拓展，它几乎在每个领域都发挥着不可替代的作用。本节将为大家介绍 Photoshop 的应用领域、Photoshop 工作界面和 Photoshop 基础操作等知识。

1.3.1　Photoshop 的应用领域

Photoshop 是目前功能最强大的图形图像处理软件之一，广泛应用于广告设计、Logo 设计、网页设计、照片处理等领域。下面就对常用的一些领域进行简单介绍，具体说明如下。

1.　广告设计

Photoshop 在广告设计方面的运用非常广泛，通过它不但可以制作招贴式宣传广告，如促销传单、海报、小贴纸等，图 1-11 所示为某款鞋子的宣传海报；还可以制作手册式的宣传广告，如化妆品宣传手册等，图 1-12 所示即为某款化妆品的宣传手册。

图 1-11　某款鞋子的宣传海报

图 1-12　化妆品宣传手册

2.　Logo 设计

Logo 中文译为"标志"，是代表特定的事物，具有象征意义的图形符号。通过 Photoshop 对 Logo 进行设计，可以快速地制作出具有公司风格的标志。图 1-13 所示即为百度的 Logo。

图 1-13　百度的 Logo

3. 网页设计

网页设计是根据企业为了传递信息（包括产品、服务、理念、文化等），而进行的页面设计美化工作，在平面设计理念的基础上利用 Photoshop 对其版面进行设计。图 1-14 所示即为某企业的网站首页截图。

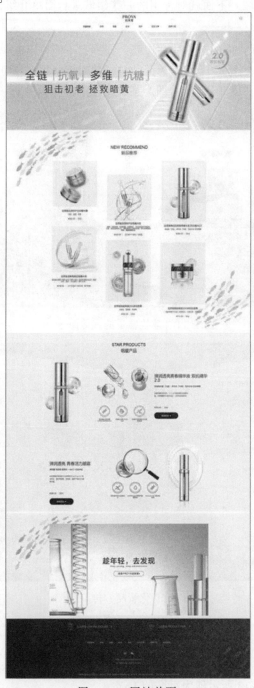

图 1-14 网站首页

4. 照片处理

Photoshop 提供了图像调色命令以及图像修饰工具，在照片处理中发挥着巨大作用，通过这些工具，可以快速调整图片的效果。如人像图像的美白、磨皮；风景图像的去雾、调色等。

1.3.2　Photoshop 工作界面

启动 Photoshop 后，执行"文件→打开"命令，打开一张图片，即可进入软件工作界面，如图 1-15 所示。

图 1-15　Photoshop CS6 工作界面

1. 菜单栏

菜单栏作为一款操作软件必不可少的组成部分，主要用于为大多数命令提供功能入口。下面将针对 Photoshop 的菜单分类及如何执行菜单栏中的命令进行具体讲解。

（1）菜单分类

Photoshop 的菜单栏依次为："文件"菜单、"编辑"菜单、"图像"菜单、"图层"菜单、"文字"菜单、"选择"菜单、"滤镜"菜单、"3D"菜单、"视图"菜单、"窗口"菜单及"帮助"菜单，如图 1-16 所示。

图 1-16　菜单栏

其中各菜单的具体说明如下。
- "文件"菜单：包含各种操作文件的命令。
- "编辑"菜单：包含各种编辑文件的操作命令。
- "图像"菜单：包含各种改变图像的大小、颜色等的操作命令。
- "图层"菜单：包含各种调整图像中图层的操作命令。

- "文字"菜单：包含各种对文字的编辑和调整功能。
- "选择"菜单：包含各种关于选区的操作命令。
- "滤镜"菜单：包含各种添加滤镜效果的操作命令。
- "3D"菜单：用于实现 3D 图层效果。
- "视图"菜单：包含各种对视图进行设置的操作命令。
- "窗口"菜单：包含各种显示或隐藏控制面板的命令。
- "帮助"菜单：包含各种帮助信息。

（2）打开菜单

单击一个菜单即可打开该菜单命令，不同功能的命令之间采用分隔线隔开。其中，带有▶标记的命令包含子菜单，如图 1-17 所示。

图 1-17   子菜单

（3）执行菜单中的命令

选择菜单中的一个命令即可执行该命令。如果命令后面有快捷键，则按快捷键可快速执行该命令。例如，按【Ctrl+A】组合键可执行"选择→全部"命令，如图 1-18 所示。

有些命令只提供了字母，要通过快捷方式执行这样的命令，可按【Alt】键+主菜单的字母打开主菜单，然后再按下命令后面的字母执行该命令。例如，依次按【Alt】键、【L】键、【D】键可执行"图层→复制图层"命令，如图 1-19 所示。

图 1-18   "选择→全部"命令

图 1-19   "图层→复制图层"命令

注意：如果菜单中的某些命令显示为灰色，表示它们在当前状态下不能使用。此外，如果一个命令的名称右侧有"…"状符号，则表示执行该命令时会弹出一个对话框。

2. 工具箱

工具箱是 Photoshop 工作界面的重要组成部分。Photoshop 的工具箱主要包括选择工具、绘图工具、填充工具、编辑工具、快速蒙版工具等，如图 1-20 所示。下面针对 Photoshop 的工具箱进行具体讲解。

（1）移动工具箱

默认情况下，工具箱停放在窗口左侧。将光标放在工具箱顶部，单击并向右拖动鼠标，可以将工具箱拖出，放在窗口中的任意位置。

（2）显示工具快捷键

要了解每个工具的具体名称，可以将光标放置在相应工具的上方，此时会出现一个黄色的图标，上面会显示该工具的具体名称，如图 1-21 所示。工具名称后面括号中的字母，代表选择此工具的快捷键，只要在键盘上按下该字母，就可以快速切换到相应的工具上。

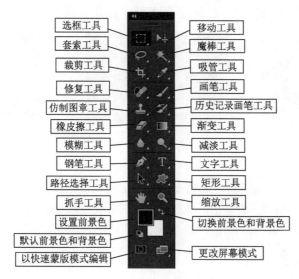

图 1-20　工具箱

（3）显示并选择工具

由于 Photoshop 提供的工具比较多，因此工具箱中并不能显示所有的工具，有些工具被隐藏在相应的子菜单中。在工具箱的某些工具图标上可以看到一个小三角符号，表示该工具下还有隐藏的工具。在工具箱中带有■的工具图标上右击，就会弹出隐藏的工具选项，如图 1-22 所示。将光标移动到隐藏的工具上然后单击，即可选择该工具，如图 1-23 所示。

图 1-21　显示工具箱快捷键

图 1-22　隐藏的工具选项

图 1-23　选择隐藏工具

3. 选项栏

选项栏是工具箱中各个工具的功能扩展，可以通过选项栏对工具进行进一步设置。当选择某个工具后，Photoshop 工作界面的上方将出现相应的工具选项栏。例如，选择"魔棒工具"时，其选项栏如图 1-24 所示，通过其中的各个选项可以对"魔棒工具"做进一步设置。

图 1-24　选项栏

4. 控制面板

控制面板是 Photoshop 处理图像时不可或缺的部分，它可以完成对图像的处理操作和相关参数的设置，如显示信息、选择颜色、图层编辑等。Photoshop 界面为用户提供了多个控制面板组，分别停放在不同的面板窗口中，如图 1-25 和图 1-26 所示。下面针对与控制面板相关的操作进行具体讲解。

（1）选择面板

面板通常以选项卡的形式成组出现。在面板选项卡中，单击一个面板的名称，即可显示该面板。例如单击"色板"时会显示"色板"面板，如图 1-27 所示。

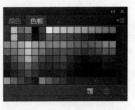

图 1-25　"颜色"面板　　　　图 1-26　"调整"面板　　　　图 1-27　"色板"面板

（2）折叠/展开面板

面板是可以自由折叠和展开的。单击面板组右上角的三角按钮，可以将面板进行折叠，折叠后的效果如图 1-28 所示。折叠后，单击相应的图标又可以展开该面板，例如单击"颜色"图标，即可展开"颜色"面板，如图 1-29 所示。

图 1-28　折叠面板　　　　　　　　　　图 1-29　"颜色"面板

（3）移动面板

面板在工作界面中的位置是可以移动的。将光标放在面板的名称上，单击并向外拖动到窗口的空白处，如图 1-30 所示，即可将其从面板组中分离出来，从而独立成为一个浮动面板，如图 1-31 所示。拖动浮动面板的名称，可以将它放在窗口中的任意位置。

图 1-30　移动面板　　　　　　　　　　图 1-31　浮动面板

（4）打开面板菜单

面板菜单中包含了与当前面板有关的各种命令。单击面板右上角的▇按钮，可以打开面板菜单，如图 1-32 所示。

（5）关闭面板

在一个面板的标题栏上右击，可以显示快捷菜单，如图 1-33 所示。选择"关闭"命令，可以关闭该面板。选择"关闭选项卡组"命令，可以关闭该面板组。对于浮动面板，单击右上角的 ✖ 按钮即可将其关闭。

图 1-32　面板菜单

图 1-33　面板快捷菜单

5. 图像编辑区

在 Photoshop 窗口中打开一个图像，会自动创建一个图像编辑窗口。如果打开了多个图像，则它们会停放到选项卡中，如图 1-34 所示。单击一个文档的名称，即可将其设置为当前操作的窗口，如图 1-35 所示。另外，按【Ctrl+Tab】组合键，可以按照前后顺序切换窗口；按【Ctrl+Shift+Tab】组合键，可以按照相反的顺序切换窗口。

图 1-34　打开多个图像

图 1-35　当前操作窗口

单击一个窗口的标题栏并将其从选项卡中拖出，它便成为可以任意移动位置的浮动窗口，如图 1-36 所示。拖动浮动窗口的一角，可以调整窗口的大小，如图 1-37 所示。另外，将一个浮动窗口的标题栏拖动到选项卡中，当图像编辑区出现蓝色方框时释放鼠标，可以将窗口重新停放到选项卡中。

图 1-36　浮动窗口

图 1-37　调整窗口大小

1.3.3　Photoshop 基础操作

1.　新建文件

在 Photoshop 中，不仅可以编辑已有的图像，还可以创建一个空白文件，在空白文件上设计图片、绘画等。执行"文件→新建"命令（或按【Ctrl+N】组合键）打开"新建"对话框，如图 1-38 所示。设置完相关参数后，单击"确定"按钮即可新建空白文件。

由图 1-38 可以看出，在"新建"对话框中，我们需要输入文件名、设置文件大小以及分辨率等，具体介绍如下。

● 名称：文件的名称，创建文件后会显示在文档窗口的标题栏中，保存文件时，文件名会自动显示在存储文件的对话框内。

- 预设大小：提供了多种文档的预设选项，如照片、A4 打印纸、视频等，可以根据需要进行选择。
- 宽度/高度：可输入文件的宽度和高度，可以选择单位，如"像素""英寸""毫米"等。
- 分辨率：在此输入文件的分辨率，可以选择分辨率的单位，如"像素/英寸""像素/厘米"等。
- 颜色模式：用于选择文件的颜色模式，如位图、灰度、RGB 颜色、CMYK 颜色等。
- 背景内容：用于选择文件的背景内容，包括"白色""背景色""透明"。

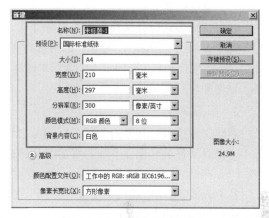

图 1-38 "新建"对话框

2. 打开文件

通常情况下，经常用到的打开文件的方式有 3 种，具体介绍如下。

（1）用"打开"命令打开文件

执行"文件→打开"命令（或按【Ctrl+O】组合键）如图 1-39 所示，可以弹出"打开"对话框，如图 1-40 所示。选择一个文件，单击"打开"按钮，或双击文件即可将其打开。（如果要选择多个文件，可以按住【Ctrl】键单击想要打开的文件。）

（2）打开最近使用过的文件

图 1-39 打开命令

打开 Photoshop 软件后，执行"文件→最近打开文件"命令，在菜单中包含了最近在 Photoshop 中打开的 10 个文件，选择一个即可打开该文件。值得注意的是，如果需要清除该列表内容，选择"清除最近的文件列表"命令即可，如图 1-41 所示。

图 1-40 "打开"对话框

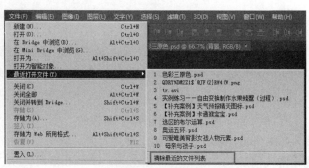

图 1-41 清除最近的文件列表

（3）通过快捷方式打开文件

通过快捷方式打开文件主要有两种方式，其一，在没有运行 Photoshop 的情况下，双击扩展名为".psd"的文件即可用 Photoshop 打开该文件；其二，将文件拖动到 Photoshop 快捷方式图标处，当图标变为选中状态时，松开鼠标即可打开文件，如图 1-42 所示。

图 1-42　打开文件

3. 保存文件

新建文件或者对打开的文件进行编辑之后，应及时对文件进行保存，Photoshop 提供了几个用于保存文件的命令，下面对常见的几种命令进行介绍。

（1）存储

在 Photoshop 中，执行"文件→保存"命令（或按【Ctrl+S】组合键），图像会按照原有的格式进行存储，如果是一个新建的文件，执行该命令时，则会打开"存储为"对话框。

（2）存储为

若想将文件存储成其他格式，如 PNG、JPEG 等，执行"文件→存储为"命令（或按【Ctrl+Shift+S】组合键），即可弹出"存储为"对话框，如图 1-43 所示。在对话框中设置相关参数，单击"保存"按钮即可。

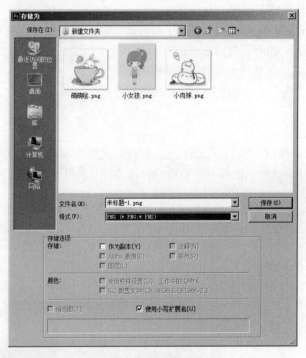

图 1-43　"存储为"对话框

（3）存储为 Web 可用格式

存储为 Web 可用格式可以减小图像的大小，执行"文件→存储为 Web 所用格式"命令（或按【Ctrl+Shift+Alt+S】组合键）即可打开"存储为 Web 所用格式"对话框，如图 1-44 所示。优化格式包括 GIF 格式、JPEG 格式、PNG-8 格式、PNG-24 格式以及 WBMP 格式，如图 1-45 所示。

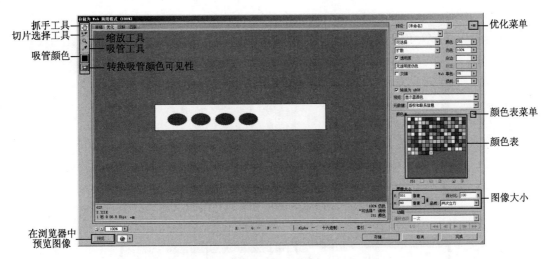

图 1-44 "存储为 Web 所用格式"对话框

在 Web 格式中，所用的工具包括 "抓手工具""切片选择工具""吸管工具"等，方便为 Web 格式中操作图像。在"存储为 Web 所用格式"选项卡中，还可以设置图像的优化参数，具体介绍如下。

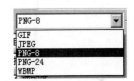

图 1-45 优化格式

- 优化菜单，在该菜单中可以存储优化设置，设置优化文件大小。
- 颜色表，将图像优化为 GIF、PNG-8、WBMP 格式的时候，可以在"颜色表"中对图像的颜色、进行优化设置。
- 颜色表菜单，该菜单下包含与颜色相关的一些命令，可以删除颜色、新建颜色、锁定颜色，或对颜色进行排序。
- 图像大小，将图像大小设置为指定的像素尺寸，或原稿大小的百分比。
- 在浏览器中预览优化图像：可以在 Web 浏览器中预览优化后的图像。

4. 修改图像尺寸和画布尺寸

（1）修改图像大小

使用"图像大小"命令可以调整图像的像素大小，执行"图像→图像大小"命令（或按【Ctrl+Alt+I】组合键）即可弹出"图像大小"对话框，如图 1-46 所示。设置完成之后，单击"确定"按钮即可。例如，把图 1-47 所示的图像大小的宽度改为 400 像素，高不变时，图像变成图 1-48 所示的样子，图像进行了横向的拉伸。若不想让图像比例发生变化，勾选"约束比例"复选框即可。

（2）修改画布尺寸

画布是指整个文档的工作区域，执行"图像→画布大小"命令（或按【Ctrl+Alt+C】组合键），即

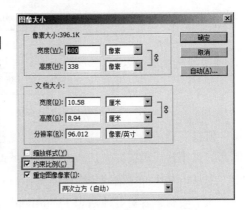

图 1-46 "图像大小"对话框

可弹出"画布大小"对话框，如图 1-49 所示。修改画布尺寸后，单击"确定"按钮完成修改。

图 1-47　原图像

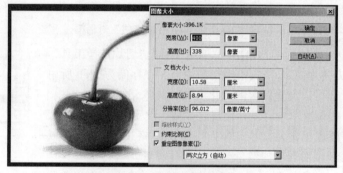

图 1-48　修改图像宽度后

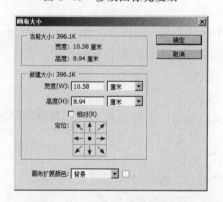

图 1-49　"画布大小"对话框

　　值得注意的是，若勾选了"相对"复选框，"宽度"和"高度"选项中的数值不再是整个画布的大小，而是实际增加或减少的区域的大小。

　　5. Photoshop 初始化设置

　　为了使初学者更好地认识 Photoshop 工具，需要对 Photoshop 进行初始化设置，具体介绍如下：

　　（1）工作区布局设置

　　Photoshop 工具的工作布局主要分为"基本功能""绘画""摄影""排版规则"等类别。其中"基本功能"是 Photoshop 默认的工作区布局，作为大多数 Photoshop 的学习者可以直接使用这一工作布局。如果需要更改布局，可以执行菜单栏里的"窗口→工作区"命令，会弹出如图 1-50 所示的菜单，选择其中的选项，即可完成工作区布局的更改。

在图 1-50 所示的工作区布局菜单栏中还可以对工作区进行复位基本功能、新建工作区、删除工作区等操作。

（2）单位设置

在 Photoshop 工具中，默认的单位是厘米，也就是说我们在 Photoshop 中使用的图片，其宽度、高度都是以厘米为单位的，如图 1-51 所示。

图 1-50　工作区布局菜单栏　　　　　　图 1-51　图像单位

但当制作一些数码图像时，这就会用"像素"。在进行 UI 设计等数码图像时要将默认的厘米单位设置为像素单位。执行菜单栏里的"编辑→首选项→单位与标尺"命令打开"首选项"对话框，设置标尺单位为"像素"，如图 1-52 所示。

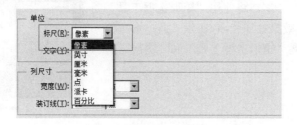

图 1-52　设置标尺单位

动 手 实 践

学习完前面的内容，下面来动手实践一下吧：

请打开 Photoshop CS6，新建一个 400 像素×400 像素的画布。

第②章　图层与选区工具

学习目标

- 掌握图层的基本操作，学会新建、删除、复制、显示及隐藏图层。
- 掌握选区工具的使用，可以绘制矩形、椭圆及其他不规则的选区。
- 掌握选区的布尔运算，可以对选区进行加、减及交叉运算。

通过对第 1 章的学习，相信读者对 Photoshop 这款功能强大的绘图软件已经有了一个基本的了解。在 Photoshop 中，"图层"和"选区"作为最基础的工具，经常被用于图形图像的制作。但是为什么要应用"图层"？又该如何使用"选区工具"呢？本章将通过案例的形式对"图层"和"选区工具"进行详细讲解。

2.1　【综合案例 1】超级电视

"矩形选框工具"作为最基础的选区工具，常用来绘制一些形状规则的图形。本节将使用"矩形选框工具"绘制"超级电视"，其效果如图 2-1 所示。通过本案例的学习，读者能够掌握"矩形选框工具"和"图层"的基本应用。

2.1.1　知识储备

图 2-1　超级电视效果展示

1. 矩形选框工具的基本操作

"矩形选框工具"作为最常用的选区工具，常用来绘制一些形状规则的矩形选区。选择"矩形选框工具" ▇（或按【M】键），按住鼠标左键在画布中拖动，即可创建一个矩形选区，如图 2-2 所示。

使用"矩形选框工具"创建选区时，有一些实用的小技巧，具体说明如下。

图 2-2　创建矩形选区

- 按住【Shift】键的同时拖动，可创建一个正方形选区。
- 按住【Alt】键的同时拖动，可创建一个以单击点为中心的矩形选区。
- 按住【Alt+Shift】键的同时拖动，可以创建一个以单击点为中心的正方形选区。
- 执行"选择→取消选择"命令（或按【Ctrl+D】组合键）可取消当前选区（适用于所有选区工具创建的选区）。

2. 矩形选框工具选项栏

选择"矩形选框工具" 后，可以在其选项栏的"样式"列表框中选择控制选框尺寸和比例的方式，如图 2-3 所示。

图 2-3　矩形选框工具的选项栏

可以将"矩形选框工具"的"样式"设置为"正常"、"固定比例"和"固定大小"三种形式。

- 正常：默认方式，拖动鼠标可创建任意大小的选框。
- 固定比例：选择该选项后，可以在后面的"宽度"和"高度"文本框中输入具体的宽高比。绘制选框时，选框将自动符合该宽高比。
- 固定大小：选择该选项后，可以在后面的"宽度"和"高度"文本框中输入具体的宽高数值，以创建指定尺寸的选框。

3. 图层的概念和分类

"图层"是由英文单词 layer 翻译而来，layer 的原意即为"层"。使用 Photoshop 制作图像时，通常将图像的不同部分分层存放，并由所有的图层组合成复合图像。图 2-4 所示即为多个图层组合而成的复合图像。

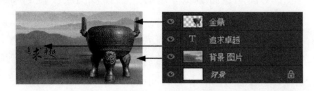

图 2-4　多个图层组成的图像

多图层图像的最大优点是可以单独处理某个元素，而不会影响图像中的其他元素。例如，可以随意挪动图 2-4 中的"金鼎"，而画面中的其他元素不会受到任何影响。

仔细观察图 2-4，不难看出其中各图层的显示状态不同，例如"金鼎"所在的层为透明状态，"追求卓越"所在的层显示为 。这是因为在 Photoshop 中可以创建多种类型的图层，它们的显示状态和功能各不相同。

（1）"背景"图层

当用户创建一个新的不透明图像文档时，会自动生成"背景"图层。默认情况下，"背景"图层位于所有图层之下，为锁定状态，不可以调节图层顺序和设置图层样式。双击"背景"图层时，可将其转换为普通图层。在 Photoshop 中，"背景"图层的显示状态为 。

（2）普通图层

用户还可以通过复制现有图层或者创建新图层来得到普通图层。在普通图层中可以进行任何与图层相关的操作。在 Photoshop 中，新建的普通图层的显示状态为 。

（3）文字图层

通过使用"文字工具"可以创建文字图层，文字图层不可设置滤镜效果。在 Photoshop 中文字图层的显示状态为 。

（4）形状图层

通过"形状工具"和"钢笔工具"可以创建形状图层，在 Photoshop 中，形状图层的显示状态为 ▆。

4. 图层的基本操作

在 Photoshop 中，用户可以根据需要对图层进行一些操作，例如新建图层、显示与隐藏图层、对齐和分布图层等。

（1）创建普通图层

用户在创建和编辑图像时，新建的图层都是普通图层，常用的创建方法有以下两种。

- 单击"图层"面板下方的"创建新图层"按钮 ▆，可创建一个普通图层，如图 2-5 所示。
- 按【Ctrl+Shift+Alt+N】组合键可在当前图层的上方创建一个新普通图层。

（2）删除图层

为了尽可能地减小图像文件的大小，对于一些不需要的图层可以将其删除，具体方法如下。

- 选择需要删除的图层，将其拖动到"图层"面板下方的"删除图层"按钮 ▆ 上，即可完成图层的删除，如图 2-6 所示。
- 按【Delete】键可删除被选择的图层。
- 执行"文件→脚本→删除所有空图层"命令，将删除所有未被编辑的空图层。

（3）选择图层

制作图像时，如果想要对图层进行编辑，就必须选择该图层。在 Photoshop 中，选择图层的方法有多种。

- 选择一个图层：在"图层"面板中单击需要选择的图层。
- 选择多个连续图层：单击第一个图层，然后按住【Shift】键的同时单击最后一个图层。
- 选择多个不连续图层：按住【Ctrl】键的同时依次单击需要选择的图层。
- 取消某个被选择的图层：按住【Ctrl】键的同时单击已经选择的图层。
- 取消所有被选择的图层：在"图层"面板最下方的空白处单击，即可取消所有被选择的图层，如图 2-7 所示。

图 2-5　新建普通图层　　图 2-6　删除图层　　图 2-7　取消所有选择图层

注意： 按住【Ctrl】键进行选择时，应单击图层缩览图以外的区域。如果单击缩览图，则会将图层中的图像载入选区。

（4）图层的显示与隐藏

制作图像时，为了便于图像的编辑，经常需要隐藏/显示一些图层，具体如下。

- 单击图层缩览图前的"指示图层可见性"图标 👁，即可显示或隐藏相应图层。显示 👁 的图层为可见图层，不显示 👁 的图层为隐藏图层，具体效果如图 2-8 所示。

图 2-8　显示和隐藏图层

- 选中要显示或隐藏的图层，将鼠标指针移动到"指示图层可见性"图标 👁 上并右击，在弹出的快捷菜单中可选择"隐藏本图层"或"显示/隐藏所有其他图层"命令。

（5）对齐和分布图层

为了使图层中的元素整齐有序地排列，经常需要对齐图层或调整图层的分布，具体方法如下。

- 图层的对齐

选择需要对齐的图层（两个或两个以上），执行"图层→对齐"命令，在弹出的子菜单中选择相应的对齐命令，如图 2-9 所示，即可按指定的方式对齐图层。

对于图 2-9 中的对齐命令，具体解释如表 2-1 所示。

- 图层的分布

选择需要分布的图层（3 个或 3 个以上），执行"图层→分布"命令，在弹出的子菜单中选择相应的分布命令，如图 2-10 所示，即可按指定的方式分布图层。

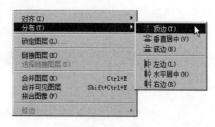

图 2-9　图层的"对齐"子菜单　　　图 2-10　图层的"分布"子菜单

表 2-1　图层对齐命令

图层对齐命令	说　　明
顶边	所选图层对象将以位于最上方的对象为基准，顶部对齐
垂直居中	所选图层对象将以位置居中的对象为基准，垂直居中对齐

续表

图层对齐命令	说　明
底边	所选图层对象将以位于最下方的对象为基准，底部对齐
左边	所选图层对象将以位于最左侧的对象为基准，左对齐
水平居中	所选图层对象将以位于中间的对象为基准，水平居中对齐
右边	所选图层对象将以位于最右侧的对象为基准，右对齐

对于图 2-10 中的分布命令，具体解释如表 2-2 所示。

表 2-2　图层分布命令

图层分布命令	说　明
顶边	以每个被选择图层对象的最上方为基准点，等距离垂直分布
垂直居中	以每个被选择图层对象的中心点为基准点，等距离垂直分布
底边	以每个被选择图层对象的最下方为基准点，等距离垂直分布
左边	以每个被选择图层对象的最左侧为基准点，等距离水平分布
水平居中	以每个被选择图层对象的中心点为基准点，等距离水平分布
右边	以每个被选择图层对象的最右侧为基准点，等距离水平分布

5. 移动工具

"移动工具" ［图标］（或按【V】键）主要用于实现图层的选择、移动等基本操作，是编辑图像过程中用于调整图层位置的重要工具。选择"移动工具"后，选中目标图层，使用鼠标左键在画布上拖动，即可将该图层移动到画布中的任何位置。

使用"移动工具"时，有一些实用的小技巧，具体说明如下。

- 按住【Shift】键不放，可使图层沿水平、竖直或 45° 的方向移动。
- 按住【Alt】键的同时移动图层，可对图层进行移动复制。
- 在"移动工具"状态下，按住【Ctrl】键不放，在画布中单击某个元素，可快速选中该元素所在的图层。在编辑复杂的图像时，经常用此方法快速选择元素所在的图层。
- 选择"移动工具"后，可通过其选项栏中的"对齐"及"分布"选项，快速对多个选中的图层执行"对齐"或"分布"操作，如图 2-11 所示。

对齐选项　　　　分布选项

图 2-11　对齐与分布选项

多学一招：如何对图像进行小幅度的移动？

使用"移动工具"时，每按一下方向键【→】、【←】、【↑】、【↓】，便可以将对象移动一个像素的距离；如果按住【Shift】键的同时再按方向键，则图像每次可以移动 10 个像素的距离。

6. 前景色和背景色

在 Photoshop 工具箱的底部有一组设置前景色和背景色的图标，如图 2-12 所示，该图标组可用于设置前景色和背景色，进而进行填充等相关操作。

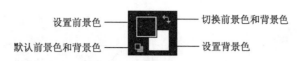

图 2-12 前景色和背景色设置图标

通过图 2-12 容易看出，该图标组由 4 个部分组成，分别为"设置前景色"、"设置背景色"、"切换前景色和背景色"以及"默认前景色和背景色"。

（1）设置前景色：该色块所显示的颜色是当前所使用的前景色。单击该色块，将弹出如图 2-13 所示的"拾色器（前景色）"对话框。在"色域"中拖动鼠标可以改变当前拾取的颜色，拖动"颜色滑块"可以调整颜色范围。按【Alt+Delete】组合键可直接填充前景色。

（2）设置背景色：该色块所显示的颜色是当前所使用的背景色。单击该色块，将弹出"拾色器（背景色）"对话框，可进行背景色设置。按【Ctrl+Delete】组合键可直接填充背景色。

（3）切换前景色和背景色：单击该按钮（或按【X】键），可将前景色和背景色互换。

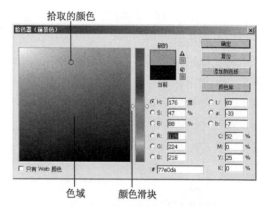

图 2-13 "拾色器（前景色）"对话框

（4）默认前景色和背景色：单击该按钮（或按【D】键），可恢复默认的前景和背景色，即前景色为黑色，背景色为白色。

7. 油漆桶工具

使用"油漆桶工具" 可以在图像中填充前景色或图案。如果创建了选区，则填充的区域为所选区域；如果没有创建选区，则填充与鼠标单击点颜色相近的区域。

图 2-14 所示为"油漆桶工具"的选项栏。单击"前景"右侧的 按钮，可以在下拉列表中选择填充内容，包括"前景色"和"图案"。调整"不透明度"可以设置所填充区域的不透明度。

图 2-14 "油漆桶工具"选项栏

注意：在 Photoshop 的工具箱中，如果当前未显示"油漆桶工具" ，可右击"渐变工具" ，在弹出的快捷菜单中即可选择"油漆桶工具"。

8. 自由变换的基本操作

制作图像时，常常需要调整某些图层对象的大小，这时就需要使用"自由变换"命令。选中需要变换的图层对象，执行"编辑→自由变换"命令（或按【Ctrl+T】组合键），图层对象的四周会出现带有角点的框（一般称之为"定界框"），如图 2-15 所示。

定界框 4 个角上的点被称为"定界框角点"，4 条边中间的点被称为"定界框边点"，如图 2-16 所示。用户可以根据需要，拖动定界框的边点或角点，进而调整图层对象的大小，具体说明如下。

图 2-15　定界框

□ 定界框角点
○ 定界框边点

图 2-16　定界框角点与边点

（1）自由缩放

将鼠标指针移动至"定界框边点"或"定界框角点"处，待光标变为↖状，按住鼠标左键不放，拖动鼠标即可调整图层对象的大小。

（2）等比例缩放

按住【Shift】键不放，拖动"定界框角点"，即可等比例缩放图层对象。

（3）中心点等比例缩放

按住【Alt+Shift】键不放，拖动"定界框角点"，即可以中心点等比例缩放图层对象。

（4）旋转

将鼠标指针移动至"定界框角点"处，待光标变为↵状，按住鼠标左键不放，可拖动光标，对图层对象进行旋转。

9. 自由变换选项栏

当执行"自由变换"命令时，选项栏会切换到该命令的选项设置，具体如图 2-17 所示。

X: 301.50 像素　Y: 301.50 像素　W: 100.00%　⧉　H: 100.00%　△ 0.00　度　H: 0.00　度　V: 0.00　度　插值：两次立方▾

图 2-17　"自由变换"选项栏

图 2-17 展示了自由变换工具的相关选项，对其中一些常用选项的解释如下。

- W: 100.00%：设置水平缩放，可按输入的百分比，水平缩放图层对象。
- ⧉：保持长宽比，单击此按钮，可按当前元素的比例进行缩放。
- H: 100.00%：设置垂直缩放，可按输入的百分比，垂直缩放图层对象。
- △ 0.00　度：输入需要旋转的角度值，图层对象将按照该角度值进行旋转。

10. 撤销操作

在绘制和编辑图像的过程中，经常会出现失误或对创作的效果不满意。当希望恢复到前一步或原来的图像效果时，可以使用一系列的撤销操作命令。

（1）撤销上一步操作

执行"编辑→还原"命令（或按【Ctrl+Z】组合键），可以撤销对图像所做的最后一次修改，将其还原到上一步编辑状态。如果想要取消"还原"操作，再次按【Ctrl+Z】组合键。

（2）撤销或还原多步操作

执行"编辑→还原"命令只能还原一步操作，如果想要连续还原，可连续执行"编辑→后退一步"命令（或按【Alt+Ctrl+Z】组合键），逐步撤销操作。

如果想要恢复被撤销的操作，可连续执行"编辑→前进一步"命令（或按【Ctrl+Shift+Z】组合键）。

（3）撤销到操作过程中的任意步骤

"历史记录"面板可将进行过多次处理的图像恢复到任何一步（系统默认前 20 步）操作时的状态，即所谓的"多次恢复"。执行"窗口→历史记录"命令，将会弹出"历史记录"面板，如图 2-18 所示。

这时，选择"历史记录"面板下的任何一步操作，图像即恢复到该操作时的状态。值得注意的是，在"历史记录"面板的右下方有 3 个按钮，对它们的具体说明如下。

图 2-18　"历史记录"面板

- "从当前状态创建新文档"：是指基于当前操作步骤中的图像状态创建一个新的文档，即复制状态到新的文档中。单击该按钮，Photoshop 会自动新建一个文档，并将此时的状态作为源图像，如图 2-19 所示。
- "创建新快照"：是指基于当前的图像状态创建快照。也就是说若想将一些状态有效地保留下来，就可以将其保存为快照。单击该按钮后，创建新快照，如图 2-20 所示。单击快照即可快速恢复状态。
- "删除当前状态"：选择一个操作步骤，单击该按钮可将该步骤及后面的操作删除。

单击"历史记录"面板右上方的按钮，将弹出"历史记录"面板菜单，如图 2-21 所示。对于其中的命令，读者可以自行尝试，本书不再做具体讲解。

图 2-19　从当前状态创建新文档

图 2-20　创建新快照

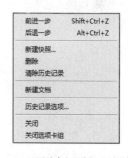

图 2-21　"历史记录"面板菜单

2.1.2　实现步骤

1. 绘制超级电视外壳

Step01：执行"文件→新建" 命令（或按【Ctrl+N】组合键），弹出"新建"对话框。设置"宽度"为 800 像素、"高度"为 600 像素、"分辨率"为 72 像素/英寸，"颜色模式"为 RGB 颜色、"背景内容"为白色，单击"确定"按钮，如图 2-22 所示，完成画布的创建。

Step02：执行"文件→存储为"命令（或

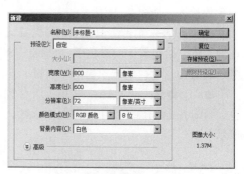

图 2-22　"新建"对话框

按【Ctrl+Shift+S】组合键），在弹出的对话框中以名称"【综合案例1】超级电视.psd"保存图像，即可生成一个 psd 格式的文件，如图 2-23 所示。

Step03：单击"图层"面板下方的"创建新图层"按钮 （或按【Ctrl+Shift+Alt+N】组合键）创建一个新图层。这时"图层"面板中会出现名称为"图层 1"的透明图层，如图 2-24 所示。

图 2-23 "psd"格式的文件　　　　图 2-24 创建新图层

Step04：选择"矩形选框工具"（或按【M】键），在画布中绘制如图 2-25 所示的矩形选区。

Step05：选择"油漆桶工具"，在选区所在的区域单击（或按【Alt+Delete】组合键填充黑色前景色），效果如图 2-26 所示。

Step06：执行"选择→取消选择"命令（或按【Ctrl+D】组合键）取消选区，超级电视外壳效果如图 2-27 所示。

图 2-25 创建矩形选区　　　图 2-26 填充选区　　　图 2-27 超级电视外壳

2. 绘制超级电视屏幕

Step01：按【Ctrl+Shift+Alt+N】组合键新建"图层 2"。接着在外壳上合适的位置，绘制一个比外壳略小的矩形选区，如图 2-28 所示。

Step02：单击工具箱中的"设置前景色"图标，在弹出的"拾色器（前景色）"对话框中拖动光标，将前景色设置为灰色，单击"确定"按钮，如图 2-29 所示。

Step03：按【Alt+Delete】组合键填充灰色前景色，接着按【Ctrl + D】组合键取消选区，效果如图 2-30 所示。

图 2-28 绘制矩形选区

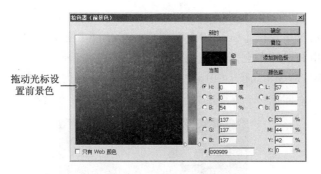

拖动光标设
置前景色

图 2-29 设置前景色

图 2-30 填充灰色前景色

3. 绘制超级电视支架、底座、开关

Step01：单击工具箱中的"默认前景色和背景色"按钮 （或按【D】键），重置前景色和背景色。这时前景色恢复为默认的黑色，背景色恢复为默认的白色。重置前后的对比效果如图 2-31 所示。

Step02：按【Ctrl+Shift+Alt+N】组合键新建"图层 3"。接着绘制一个大小合适的矩形选区，按【Alt+Delete】组合键填充黑色前景色，接着按【Ctrl+D】组合键取消选区，作为电视支架。

Step03：按【Ctrl+Shift+Alt+N】组合键新建"图层 4"。接着绘制一个稍长的矩形选区，按【Alt+Delete】组合键填充黑色前景色，按【Ctrl+D】组合键取消选区，作为电视底座。

Step04：按【Ctrl+Shift+Alt+N】组合键新建"图层 5"。接着绘制一个较小的矩形选区，设置前景色为红色，按【Alt+Delete】组合键填充颜色，然后按【Ctrl+D】组合键取消选区，作为电视开关。Step02、Step03 和 Step04 的绘制效果如图 2-32 所示。

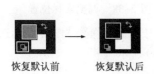

恢复默认前 恢复默认后

图 2-31 默认前景色和背景色

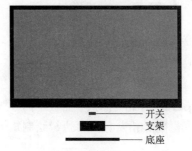

开关
支架
底座

图 2-32 超级电视开关、支架和底座

Step05：分别选中"开关"、"支架"和"底座"所在的图层，使用"移动工具" 将它们移动至合适的位置，如图 2-33 所示。

Step06：选中所有图层（方法为按住【Ctrl】键不放，使用鼠标左键依次单击图层），执行"图层→对齐→水平居中"命令，使页面中的元素水平居中排列，效果如图 2-34 所示。

图 2-33 移动开关、支架和底座

图 2-34 移动和对齐图层

4. 制作超级电视画面

Step01：执行"文件→打开"命令（或按【Ctrl + O】组合键），打开素材图片。选择"移动工具" ，将素材拖动至"超级电视"画布上，得到"图层 6"，如图 2-35 所示。

Step02：执行"编辑→自由变换"命令（或按【Ctrl + T】组合键），接着按【Ctrl+减号】缩小画布，将发现画面四周出现了带有角点的框（一般称之为"定界框"），如图 2-36 所示。

图 2-35　调入素材

图 2-36　定界框效果

Step03：按住【Alt+Shift】组合键不放，用鼠标分别拖动定界框的 4 个角点，将素材图像缩放到合适的大小，如图 2-37 所示。

Step04：按【Enter】键，确认自由变换，并移动素材的位置，效果如图 2-38 所示。

图 2-37　缩放素材图像

图 2-38　调整素材位置

Step05：单击"图层"面板中的"指示图层可见性"按钮 ，隐藏"图层 6"。选择"矩形选框工具" ，沿灰色屏幕边缘绘制矩形选区，如图 2-39 所示。

图 2-39　隐藏图层

Step06：再次单击"指示图层可见性"按钮 ，显示"图层 6"。按【Delete】键删除选区中的元素。

Step07：重复运用 Step05 和 Step06 中的方法裁切超出电视屏幕的素材图片部分，即可得到图 2-1 所示的效果。

2.2　【综合案例 2】绘制卡通猴宝宝

通过上一节的学习，相信读者已经对"矩形选框工具"以及"图层"有了一定的认识，接下来将继续介绍 Photoshop 中基础的选框工具——"椭圆选框工具"以及"图层"的复制与排序。本节将使用"椭圆选框工具"绘制一个卡通猴宝宝，其效果如图 2-40 所示。

2.2.1　知识储备

图 2-40　卡通猴宝宝

1. 椭圆选框工具的基本操作

与"矩形选框工具" 类似，"椭圆选框工具"也是最常用的选区工具之一。将鼠标指针定位在"矩形选框工具"上并右击，会弹出选框工具组，选择"椭圆选框工具"，如图 2-41 所示。

选中"椭圆选框工具"后，按住鼠标左键在画布中拖动，即可创建一个椭圆选区，如图 2-42 所示。

图 2-41　选中"椭圆选框工具"

图 2-42　椭圆选区

使用"椭圆选框工具"创建选区时，有一些实用的小技巧，具体如下：
- 按住【Shift】键的同时拖动，可创建一个正圆选区。
- 按住【Alt】键的同时拖动，可创建一个以单击点为中心的椭圆选区。
- 按住【Alt+Shift】组合键的同时拖动，可以创建一个以单击点为中心的正圆选区。
- 使用【Shift+M】组合键可以在"矩形选框工具"和"椭圆选框工具"之间快速切换。

2. 椭圆选框工具的选项栏

熟悉了"椭圆选框工具" 的基本操作后，接下来看其选项栏，具体如图 2-43 所示。

图 2-43　"椭圆选框工具"的选项栏

仔细观察"椭圆选框工具"选项栏，不难发现其选项与"矩形选框工具"基本相同，只是该工具可以使用"消除锯齿"功能。

为什么要针对椭圆选框"消除锯齿"呢？这是因为像素是组成图像的最小元素，由于它们都是正方形的，因此，在创建圆形、多边形等不规则选区时便容易产生锯齿，如图 2-44 所示。而勾选"消除锯齿"后，Photoshop 会在选区边缘 1 个像素的范围内添加与周围图像相近的颜色，使选区看上去光滑，如图 2-45 所示。

图 2-44　未勾选"消除锯齿"的效果　　　　图 2-45　勾选"消除锯齿"后的效果

对于"椭圆选框工具"选项栏中的其他选项，这里不再具体介绍，读者可查阅"矩形选框工具"选项栏。

3. 图层的锁定

锁定图层可以帮助我们对图像进行快速处理，在"图层"面板中，包括"锁定透明像素"、"锁定图像像素"、"锁定位置"及"锁定全部"四个按钮，如图 2-46 所示。单击不同按钮即可设置不同的图层锁定样式，具体说明如下。

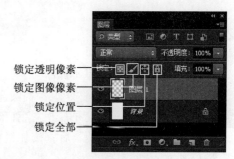

图 2-46　锁定图层

- 锁定透明像素▦：锁定透明像素指的是使无图像的透明区域不被操作。当我们想对一个图层中的位图元素进行操作而不影响到透明背景时，单击该按钮即可锁定透明像素，使透明背景不被操作。例如，利用"椭圆选区工具"在图层中绘制一个黑色的椭圆，若取消选区之后，想将其颜色调整为绿色，单击该按钮，再填充颜色，背景图层就不会被填充，如图 2-47 所示即为锁定前后的填充效果。

未锁定透明像素　　　　　　　锁定透明像素

图 2-47　锁定透明像素

- 锁定图像像素▨：锁定图像像素是指不能使用某些工具对图层中的位图元素进行相应的操作，如画笔工具、渐变工具、橡皮擦工具等。在处理图像时，图层往往较多，为了避免在处理图像时对不想修改的图层进行误操作，选中不想被修改的图层，在面板上方单击该按钮，即可使画笔、渐变、擦除等效果不作用于该图层。值得注意的是，锁定图像像素后的图层，可以改变其位置及大小。

- 锁定位置✥：锁定位置是指不能改变图层中的位图元素的位置及大小。当我们不想改变某个位图元素的位置时，选中该元素所在图层，单击该按钮后，图层位置即不能移动，当使用移动工具移动图像时，会弹出提示框，如图 2-48 所示。值得注意的是，虽然不能改变图层位置及大小，但可以进行

图 2-48　提示框

其他操作，如填充、画笔、渐变、仿制图章等。

- 锁定全部 🔒：锁定全部是指任何操作或命令都不能使图层中的位图元素进行改变。当不想让某个图层中的位图元素有任何改变时，单击该按钮即可锁定全部，即此图层所有操作都不能进行。也就是说，单击该按钮后既锁定了透明像素、又锁定了图像像素还锁定了图层的位置。

注意：当图层中的元素是矢量形状时，"锁定透明像素"和"锁定图像像素"将不可使用，当单击"锁定位置"按钮后，按【Ctrl+T】组合键后可以改变矢量形状的大小及位置。

4. 图层的复制

一个图像中经常会包含两个或多个完全相同的元素，在 Photoshop 中可以对图层进行复制来得到相同的元素。复制图层的方法有多种，具体如下。

- 在"图层"面板中，将需要复制的图层拖动到"创建新图层"按钮 🔲 上，即可复制该图层，效果如图 2-49 和图 2-50 所示。

图 2-49　复制前的图层　　　　　　图 2-50　图层的复制

- 对当前图层应用【Ctrl+J】组合键，可复制当前图层。
- 在"移动工具" ⊕ 状态下，按住【Alt】键不放，选中需要复制的图层，并拖动即可复制当前图层。
- 在"图层"面板中，选择一个图层并右击，在弹出的快捷菜单中选择"复制图层"选项，弹出"复制图层"对话框，单击"确定"按钮，即可复制该图层。

5. 图层的排列

在"图层"面板中，图层是按照创建的先后顺序堆叠排列的。将一个图层拖动到另外一个图层的上面（或下面），即可调整图层的堆叠顺序。改变图层顺序会影响图层的显示效果，如图 2-51 和图 2-52 所示。

图 2-51　"图层 2"位于"图层 1"之上

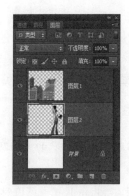

图 2-52　调整图层顺序后的效果

选择一个图层，执行"图层→排列"子菜单中的命令，如图 2-53 所示，也可以调整图层的堆叠顺序。其中，"置为顶层"（或按【Shift+Ctrl+]】组合键）可以将所选图层调整到顶层；"前移一层"（或按【Ctrl+]】组合键）或"后移一层"（或按【Ctrl+[】组合键）可

图 2-53　"图层→排列"子菜单

以将所选图层向上或向下移动一个堆叠顺序；"置为底层"（或按【Shift+Ctrl+[】组合键）可以将所选图层调整到底层。

2.2.2　实现步骤

1. 绘制"猴宝宝"头部

Step01：执行"文件→新建" 命令（或按【Ctrl+N】组合键）弹出"新建"对话框。设置"宽度"和"高度"均为 400 像素、"分辨率"为 72 像素/英寸、"颜色模式"为 RGB 颜色、"背景内容"为白色，单击"确定"按钮，如图 2-54 所示，完成画布的创建。

Step02：执行"文件→存储为"命令（或按【Ctrl+Shift+S】组合键），在弹出的对话框中以名称"【综合案例 2】卡通猴宝宝.psd"保存文件。

Step03：单击图层面板下方的"创建新图层"按钮■（或按【Ctrl+Alt+Shift+N】组合键）创建一个新图层。此时，图层面板中会出现名称为"图层 1"的透明图层，如图 2-55 所示。

图 2-54　创建画布

图 2-55　创建图层

Step04：选择工具箱中的"椭圆选框工具" ，在"图层 1"中绘制一个如图 2-56 所示的椭圆选区。

Step05：单击工具箱中的"设置前景色"，在弹出的"拾色器（前景色）"对话框中，设置前景色为褐色（RGB：119、86、79）。按【Alt+Delete】组合键，为选区填充前景色。按【Ctrl+D】组合键，取消选区，如图 2-57 所示。

Step06：按【Ctrl+Alt+Shift+N】组合键，新建"图层 2"。选择"椭圆选框工具" ，在"图层 2"中绘制一个如图 2-58 所示的椭圆选区。

图 2-56　绘制椭圆选区　　　　图 2-57　设置并填充前景色　　　　图 2-58　新建图层 2

Step07：单击工具箱中的"设置背景色"，在弹出的"拾色器（背景色）"对话框中，设置背景色为浅粉色（RGB：244、203、181）。按【Ctrl+Delete】组合键，为选区填充背景色。按【Ctrl+D】组合键，取消选区，如图 2-59 所示。

Step08：选中"图层 2"并右击，在弹出的快捷菜单中选择"复制图层"命令（或按【Ctrl+J】组合键）。此时，图层面板中生成"图层 2 副本"。

Step09：选中"图层 2 副本"，按住【Shift】键不放，选择"移动工具" ，将"图层 2 副本"移动至如图 2-60 所示的合适的位置。

Step010：再次按【Ctrl+Alt+Shift+N】组合键，新建"图层 3"。选择"椭圆选框工具" ，在"图层 3"中绘制一个椭圆选区，按【Ctrl+Delete】组合键为选区填充浅粉色（RGB：244、203、181）。按【Ctrl+D】组合键，取消选区，如图 2-61 所示。

图 2-59　设置并填充背景色　　　图 2-60　移动图层 2 副本　　　图 2-61　新建填充图层 3

2. 绘制"猴宝宝"五官

Step01：按【Ctrl+Alt+Shift+N】组合键，新建"图层 4"。选择"椭圆选框工具" ，在"图层 4"中绘制一个正圆选区，如图 2-62 所示。

Step02：按【D】键，恢复默认的前景色和背景色，如图 2-63 所示。

Step03：按【Alt+Delete】组合键，填充黑色前景色，按【Ctrl+D】组合键取消选区，如图 2-64 所示。

图 2-62　新建图层 4　　　图 2-63　恢复默认的前景色和背景色　　　图 2-64　填充黑色前景色

Step04：选中"图层 4"，按【Ctrl+J】组合键，复制生成"图层 4 副本"。

Step05：执行"编辑→自由变换"命令（或按【Ctrl + T】组合），调出定界框，缩小图像，然后单击【Enter】键确定"自由变换"命令。按【Ctrl+Shift+Delete】组合键，锁定透明图层填充白色背景色，如图 2-65 所示。

Step06：在图层面板中选中，按住【Ctrl】键不放，单击"图层 4 副本"。将"图层 4"和"图层 4 副本"同时选中，按【Ctrl+J】组合键，复制图层，生成"图层 4 副本 2"和"图层 4 副本 3"。

Step07：按住【Shift】键不放，选择"移动工具"⯈⯇将"图层 4 副本 2"和"图层 4 副本 3"移动至如图 2-66 所示的位置。

Step08：连续按【Ctrl+Alt+Shift+N】组合键，分别新建"图层 5"和"图层 6"。选择"椭圆选框工具" ◯，在"图层 5"中绘制出"猴宝宝"的鼻子，在"图层 6"中绘制出"猴宝宝"的嘴，并将其填充为黑色，效果如图 2-67 所示。

图 2-65　自由变换和填充　　　图 2-66　同时移动多个图层　　　图 2-67　新建图层 5、图层 6

Step09：按【Ctrl+Alt+Shift+N】组合键，新建"图层 7"，使用"椭圆选框工具" ◯，在"图层 7"中绘制一个椭圆选区，如图 2-68 所示。

Step10：选择工具箱中的"设置前景色"按钮■，设置前景色为褐色（RGB：119、86、79）。按【Alt+Delete】组合键，填充褐色前景色，按【Ctrl+D】组合键取消选区，如图 2-69 所示。

Step11：选中"图层 7"，按【Ctrl+J】组合键，复制得到"图层 7 副本"。

Step12：按【Ctrl + T】组合键，调出定界框，将"图层 7 副本"缩小，单击【Enter】

键确定"自由变换"命令。设置背景色为浅粉色（RGB：244、203、181），按【Ctrl+Shift+Delete】组合键，填充浅粉色背景色，如图 2-70 所示。

图 2-68　新建图层 7　　　　图 2-69　填充图层 7　　　　图 2-70　自由变换图层 7 副本

Step13：选中"图层 7"和"图层 7 副本"，执行"图层→排列→置为底层"命令（或按【Ctrl+Shift+[】组合键），如图 2-71 所示。

Step14：按【Ctrl+J】组合键，复制生成"图层 7 副本 2"和"图层 7 副本 3"。

Step15：按【Ctrl+T】组合键，调出定界框。右击，在弹出的快捷菜单中选择"水平翻转"选项，按【Enter】键确认"自由变换"。选择"移动工具" ⊕ 将"图层 7 副本 2"和"图层 7 副本 3"移动至如图 2-72 所示的位置。

图 2-71　置于底层　　　　　　　图 2-72　水平翻转图像

3. 绘制"猴宝宝"身体

Step01：在"背景"上方新建"图层 8"，选择"椭圆选框工具" ◯，在"图层 8"中绘制一个椭圆选区。按【Alt+Delete】组合键，填充褐色前景色（RGB：119、86、79），按【Ctrl+D】组合键，取消选区，如图 2-73 所示。

Step02：选中"图层 8"，使按【Ctrl+J】组合键，复制生成"图层 8 副本"。

Step03：按【Ctrl+T】组合键，调出定界框，缩小图像，然后按【Enter】键，确定"自由变换"命令。按【Ctrl+Shift+Delete】组合键，锁定透明图层填充浅粉色（RGB：244、203、181）背景色，如图 2-74 所示。

图 2-73　新建填充图层 8

Step04：按【Ctrl+Alt+Shift+N】组合键，新建"图层 9"，选择"椭圆选框工具" ◯，在"图层 9"中绘制一个椭圆选区。按【Alt+Delete】组合键，填充褐色前景色，按【Ctrl+D】组合键，取消选区，如图 2-75 所示。

Step05：选中"图层 9"，按【Ctrl+J】组合键，复制生成"图层 9 副本"。

Step06：按【Ctrl + T】组合键，调出定界框。缩小图像，然后单击【Enter】键确定"自由变换"命令。按【Ctrl+Shift+Delete】组合键，锁定透明图层填充浅粉色（RGB：244、203、181）背景色，如图 2-76 所示。

图 2-74　填充图层 8 副本　　　图 2-75　新建填充图层 9　　　图 2-76　填充图层 9 副本

Step07：选中"图层 9"和"图层 9 副本"，按【Ctrl + T】组合键，调出定界框。旋转图像至如图 2-77 所示位置，然后按【Enter】键确定"自由变换"命令。

Step08：选中"图层 9"和"图层 9 副本"，按【Ctrl+J】组合键，复制生成"图层 9 副本 2"和"图层 9 副本 3"。

Step09：按【Ctrl + T】组合键，调出定界框。右击，在弹出的快捷菜单中选择"水平翻转"命令，然后按【Enter】键确定"自由变换"命令。按【Shift】组合键不放，选择"移动工具" ![移动工具] 将"图层 9 副本 2"和"图层 9 副本 3"移动至如图 2-78 所示的合适的位置。

Step10：重复运用 Step04～Step09 的方法，绘制"猴宝宝"的手部。绘制的最终效果如图 2-79 所示。

图 2-77　旋转图层 9 和图层 9 副本　　　图 2-78　水平翻转图层　　　图 2-79　绘制手部

2.3　【综合案例 3】制作指南针图标

了解了矩形选框工具及椭圆选框工具，接下来我们来了解"多边形选框工具"的使用。本节将制作一个指南针图标，如图 2-80 所示。通过本案例的学习，读者可以掌握"多边形套索工具""自由变换"等操作。

2.3.1　知识储备

1. 多边形套索工具

Photoshop 提供了"多边形套索工具" ![多边形套索工具]，用来创建一些不规则

图 2-80　指南针图标

选区。在工具箱中选择"套索工具"![icon]后并右击，会弹出套索工具组，如图 2-81 所示。

选择"多边形套索工具"后，鼠标指针会变成 ▷ 形状，在画布中单击确定起始点。接着，拖动鼠标指针至目标方向处依次单击，可创建新的节点，形成曲线，如图 2-82 所示。然后，拖动鼠标指针至起始点位置，当终点与起点重合时，鼠标指针状态变为 ▷₀，这时，再次单击，即可创建一个闭合选区，如图 2-83 所示。

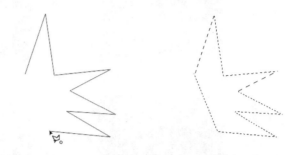

图 2-81　选取多边形套索工具　　　图 2-82　绘制多边形选区　　　图 2-83　闭合多边形选区

使用"多边形套索工具"创建选区时，有一些实用的小技巧，具体说明如下。

- 未闭合选择区的情况下，按【Delete】键可删除当前节点，按【Esc】键可删除所有的节点。
- 按住【Shift】键不放，可以沿水平、垂直或 45° 方向创建节点。

2. 图层的合并

合并图层不仅可以节约磁盘空间、提高操作速度，还可以更方便地管理图层。图层的合并主要包括"向下合并图层"、"合并可见图层"和"盖印图层"。

（1）向下合并图层

选中某一个图层后，执行"图层→向下合并"命令（或按【Ctrl+E】组合键），即可将当前图层及其下方的图层合并为一个图层，如图 2-84 所示。

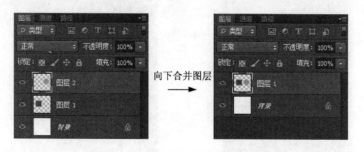

图 2-84　向下合并图层

（2）合并可见图层

选中某一个图层后，执行"图层→合并可见图层"命令（或按【Shift+Ctrl+E】组合键），即可将所有可见图层合并到选中的图层中，如图 2-85 所示。

（3）盖印图层

"盖印图层"可以将多个图层内容合并为一个目标图层，同时使其他图层保持完好。按【Shift+Ctrl+Alt+E】组合键可以盖印所有可见的图层，如图 2-86 所示。

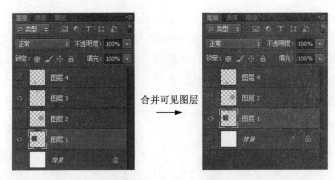

图 2-85 合并可见图层

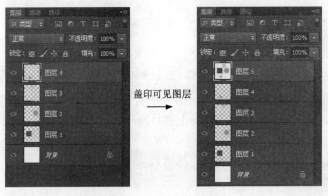

图 2-86 盖印可见图层

另外，按【Ctrl +Alt+E】组合键可以盖印多个选定图层。这时，在所选图层的上面会出现它们的合并图层，且原图层保持不变，如图 2-87 所示。

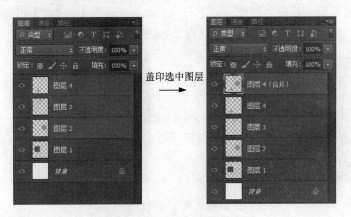

图 2-87 盖印选中图层

3. 全选与反选

执行"选择→全部"命令（或按【Ctrl+A】组合键），可以选择当前文档边界内的全部图像，如图 2-88 所示。

如果需要复制整个图像，可以执行该命令，再按【Ctrl+C】组合键。如果文档中包含多个图层，则可按【Ctrl+Shift+C】组合键（合并复制）。

创建选区之后，执行"选择→反向"命令（或按【Ctrl+Shift+I】组合键），可以反转选区。如果对象的背景色比较简单，则可以先用魔棒工具等选择背景，如图 2-89 所示，再按【Ctrl+Shift+I】组合键反转选区，将对象选中，如图 2-90 所示。

图 2-88　全选

图 2-89　使用"魔棒工具"选择背景

图 2-90　反选

4. 修改选区

在 Photoshop 中，可以执行"选择→修改"命令，对选区进行各种修改，主要包括"边界"、"平滑"、"扩展"、"收缩"和"羽化"。对它们的具体说明如下。

（1）创建边界选区

在图像中创建选区，如图 2-91 所示，执行"选择→修改→边界"命令，可以将选区的边界向内部和外部扩展。在"边界选区"对话框中，"宽度"用于设置选区扩展的像素值，例如，将"宽度"设置为 30 像素时，原选区会分别向外和向内扩展 15 像素，如图 2-92 所示。

图 2-91　创建选区

图 2-92　创建边界选区效果

（2）平滑选区

创建选区后，执行"选择→修改→平滑"命令，弹出"平滑选区"对话框，在"取样半径"选项中设置数值，可以让选区变得更加平滑。

使用"魔棒工具"或"色彩范围"命令选择对象时，选区边缘往往较为生硬，可以使用"平滑"命令对选区边缘进行平滑处理。

（3）扩展与收缩选区

创建选区后，如图 2-93 所示，执行"选择→修改→扩展"命令，弹出"扩展选区"对话框，输入"扩展量"可以扩展选区范围，如图 2-94 所示。单击"确定"按钮，效果如图 2-95 所示。

图 2-93　创建选区

图 2-94　设置扩展量

图 2-95　扩展选区效果

执行"选择→修改→收缩"命令，则可以收缩选区范围，对话框设置如图 2-96 所示。单击"确定"按钮，效果如图 2-97 所示。

图 2-96　设置收缩量　　　　　　　　　　　　　　图 2-97　收缩选区效果

（4）羽化选区

羽化是通过建立选区和选区周围像素之间的转换边界来模糊边缘的，这种模糊方式会丢失选区边缘的一些图像细节。羽化选区共有两种方式，第一种是在选区选项栏中输入数值；第二种是在菜单栏中的修改命令羽化选区，具体说明如下。

● 在选项栏中设置羽化

在绘制选区之前，在选项栏中输入羽化的数值，即可模糊选区边缘。例如，设置羽化值为 30 像素，绘制一个矩形选框，将该选框填充为黑色，即可看到羽化后的效果，如图 2-98 所示即羽化前后对比图。

注意：设置羽化必须在绘制选区之前，若在绘制选区后设置羽化，则不会产生羽化效果。

未羽化　　　　　羽化后

图 2-98　羽化前后对比

● 通过修改命令设置羽化

"羽化"命令（或按【Shift+F6】组合键）用于对选区进行羽化。图 2-99 所示为创建的选区，执行"选择→修改→羽化"命令，弹出"羽化"对话框，设置"羽化半径"值为 20 像素，如图 2-100 所示。然后按【Ctrl+J】组合键选取图像，隐藏"背景"图层，查看选取的图像，效果如图 2-101 所示。

图 2-99　创建选区　　　　　图 2-100　羽化选区对话框　　　　图 2-101　羽化后选取的图像

值得注意的是，在执行"选择→修改→羽化"命令设置羽化半径时，只能在画布中已存在选区的情况下进行设置，若画布中不存在选区，则该命令呈现为灰色，如图 2-102 所示，即不能被执行。

脚下留心：如果选区较小而羽化半径设置得较大时，会弹出一个羽化警告框，如图 2-103

所示。单击"确定"按钮，表示确认当前设置的羽化半径，这时选区可能变得非常模糊，以至于在画面中看不到，但是选区仍然存在。如果不想出现该警告，应减少羽化半径或增大选区的范围。

图 2-102　不可被执行的命令

图 2-103　羽化警告框

5. 旋转变换

"旋转变换"是以定界框的中心点为圆心进行旋转的，也可以根据旋转需求移动中心点。执行"编辑→变换→旋转"命令（或按【Ctrl+T】组合键）调出定界框，这时，将鼠标指针移动至定界框角点处，待光标变成↷形状时，如图 2-104 所示，按住鼠标左键不放，拖动鼠标指针即可旋转图像，如图 2-105 所示。

图 2-104　旋转变换

图 2-105　旋转对象

另外，在"自由变换"选项栏中，可以设置旋转角度，如图 2-106 所示，此数值为-180 到 180 之间。按住【Shift】键的同时进行旋转，图像会以-15°或 15°的倍数为单位进行旋转。

设置旋转

图 2-106　设置旋转

6. 水平翻转和垂直翻转

变换操作中提供了"水平翻转"和"垂直翻转"命令，常用于制作镜像和倒影效果。按【Ctrl+T】组合键调出定界框，接着右击，在弹出的快捷菜单中选择"水平翻转"或"垂直翻转"命令，即可对图像进行水平或垂直翻转，效果如图 2-107 所示。

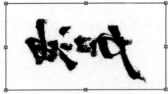

原图　　　　　　　　　　　水平翻转　　　　　　　　　　垂直翻转

图 2-107　水平翻转和垂直翻转效果

值得注意的是，在实际工作中，经常通过对图层进行复制，然后对复制后的图层副本执行"水平翻转"或"垂直翻转"命令，得到镜像或倒影效果。

7. 自由变换的高级操作

对图像进行变换操作后，按【Ctrl+Shift+Alt+T】组合键，即可以复制当前图像，并对其执行最近一次的变换操作。例如将一个三角形，将其旋转 30°，再将其位置进行适当移动，多次按【Ctrl+Shift+Alt+T】组合键即可得到相对应的图像，如图 2-108 所示。

图 2-108　复制自由变换

2.3.2　实现步骤

1. 绘制指南针底座

Step01：执行"文件→新建"命令（或按【Ctrl+N】组合键）调出"新建"对话框。设置"宽度"和"高度"均为 400 像素、"分辨率"为 72 像素/英寸、"颜色模式"为 RGB 颜色、"背景内容"为白色，单击"确定"按钮，如图 2-109 所示，完成画布的创建。

Step02：执行"文件→存储为"命令（或按【Ctrl+Shift+S】组合键），以名称"【综合案例 3】指南针图标.psd"保存文件。

Step03：单击图层面板下方的"创建新图层"按钮 （或按【Ctrl+Alt+Shift+N】组合键）创建一个新图层。此时，图层面板中会出现名称为"图层 1"的透明图层，如图 2-110 所示。

图 2-109　创建画布

图 2-110　新建图层 1

Step04：选择"椭圆选框工具"，绘制椭圆选区，并将选区填充为青色（RGB：35、160、188），椭圆选区示例如图 2-111 所示。

Step05：执行"选择→修改→收缩"命令，在弹出的"收缩选区"对话框中设置"收缩量"为 20 像素,"收缩选区"对话框如图 2-112 所示。收缩选区示例如图 2-113 所示。

收缩选区　　　　　　　　　　　　　　　×

收缩量(C): 20　　像素　　确定

取消

图 2-111　椭圆选区示例　　　　　　图 2-112　"收缩选区"对话框

Step06:将选区填充为白色。

Step07:执行"选择→修改→收缩"命令,在弹出的"收缩选区"对话框中设置"收缩量"为 6 像素,将选区填充为青色(RGB:35、160、188),填充选区示例如图 2-114 所示。按【Ctrl+D】组合键,取消选区。

Step08:新建"图层 2"选择工具箱中的"多边形套索工具" ,在"图层 1"中绘制一个如图 2-115 所示的三角形选区,并将其填充为白色,白色三角形示例如图 2-115 所示。

图 2-113　收缩选区示例　　　图 2-114　填充选区示例　　　图 2-115　创建三角形选区

Step09:按【Ctrl+D】组合键取消选区,按【Ctrl+Alt+T】组合键,自由变换复制图层对象,在调出的定界框中,移动中心点至三角形底部。按住【Shift】键旋转定界框至 45 度,按按【Enter】键接受自由变换,效果如图 2-116 所示。

Step10:按【Ctrl+Alt+Shift+T】组合键,再次自由变换复制图层对象,至如图 2-117 所示效果。

Step11:选中所有白色三角形所在图层,按【Ctrl+E】组合键,合并图层得到"图层 1 副本 7",如图 2-118 所示

图 2-116　自由变换复制　　　图 2-117　再次自由变换复制　　　图 2-118　合并图层

Step12：选中"移动工具"，选中除背景图层外的两个图层，在选项栏中单击"垂直居中对齐"按钮▓和"水平居中对齐"按钮▓，将图像居中

2. 绘制指针

Step01：新建"图层 2"继续使用"多边形套索工具"绘制三角形选区，并将选区填充为红色（RGB：218、72、101），按【Ctrl+D】组合键取消选区，红色三角形如图 2-119 所示。

Step02：按【Ctrl+J】组合键复制"图层 2"，按"图层"面板中的锁定图层的透明像素，将红色三角形填充为灰色（RGB：5、63、250）

Step03：按【Ctrl+T】组合键，调出定界框，右击，在弹出的菜单中选择"垂直翻转"选项，并移动蓝色三角形的位置，按【Enter】键确认变换，蓝色三角形如图 2-120 所示。

Step04：将红色三角形和蓝色三角形所在图层合并，将其旋转至图 2-121 所示的样式。

Step05：新建"图层 2"，使用"椭圆选框工具"绘制正圆选区，将选区填充为白色，白色正圆示例如图 2-122 所示。

图 2-119　红色三角形　　图 2-120　蓝色三角形　　图 2-121　旋转　　图 2-122　白色正圆示例

Step06：执行"选择→修改→收缩"命令，在弹出的"收缩选区"对话框中设置"收缩量"为 2 像素，收缩选区示例如图 2-123 所示。

Step07：将选区填充为灰色（RGB230、230、230），按【Ctrl+D】组合键取消选区，正圆示例如图 2-124 所示。

Step08：新建"图层 3"，继续绘制正圆选区，将选区填充为灰色（RGB：180、180、180），按【Ctrl+D】组合键取消选区，灰色正圆如图 2-125 所示。

Step09：新建"图层 4"，继续绘制正圆选区，将选区填充为白色，按【Ctrl+D】组合键取消选区，白色正圆如图 2-126 所示。

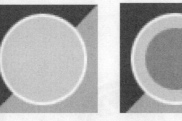

图 2-123　收缩选区示例　　图 2-124　正圆示例　　图 2-125　灰色正圆　　图 2-126　白色正圆

2.4　【综合案例 4】制作套环效果

通过前面案例的学习，读者已经对选区的创建及基本操作有了一定的了解，接下来将介绍选区的变换及布尔运算。本节将制作一款套环效果，效果如图 2-127 所示。通过本案例的学习，读者能够了解如何变换选区及布尔运算的用法。

图 2-127　效果图

2.4.1　知识储备

1. 智能对象

智能对象是一个嵌入到当前文档中的文件，它可以包含图像，也可以包含在 Adobe Illustrator 中创建的矢量图形。智能对象与普通图层的区别在于，它能够保留对象的源内容和所有的原始特征，在 Photoshop 中对其进行放大、缩小及旋转时，图像不会失真。

在"图层"面板中选择一个或多个普通图层，如图 2-128 所示，右击，在弹出的快捷菜单中执行"转换为智能对象"命令，可以将一个或多个普通图层打包到一个智能对象中，如图 2-129 所示。

值得注意的是，智能对象图层虽然有很多优势，但是在某些情况下却无法直接对其编辑，例如使用选区工具删除智能对象时，将会报错，如图 2-130 所示。这时就需要将智能对象转换为普通图层。

图 2-128　选择多个普通图层

图 2-129　智能对象图层

图 2-130　编辑智能对象报错

选择智能对象所在的图层，如图 2-131 所示，执行"栅格化图层"命令，可以将智能对象图层转换为普通图层，原图层缩览图上的智能对象图标会消失，如图 2-132 所示。

2. 变换选区

在 Photoshop 中，通常需要将选区的大小及形态进行变换，在载入选区后，执行"选择→变换选区"命令，即可弹出定界框，此时拖动定界框的边点或角点即可对选区进行操作，如图 2-133 所示（调出定界框后操作与自由变换类似，读者可参阅 2.1 节和 2.3 节，此处不作详细讲解）。

图 2-131　栅格化前

图 2-132　栅格化后

图 2-133　变换选区

3. 选区的布尔运算

在数学中，可以通过加、减、乘、除来进行数字的运算。同样，选区中也存在类似的运算，称之为"布尔运算"。布尔运算是在画布中存在选区的情况下，使用选框、套索或者魔棒等工具创建选区时，新选区与现有选区之间的运算。通过布尔运算，使选区与选区之间进行相加、相减或相交，从而形成新的选区。

布尔运算有两种运算方式，其一是通过"选框工具"、"套索工具"或"魔棒工具"等选区工具的选项栏进行设置，如图 2-134 所示；其二是通过执行"选择→载入选区"命令，在"载入选区"对话框中进行设置，如图 2-135 所示。两种运算方式具体说明如下。

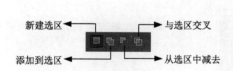
图 2-134　布尔运算按钮

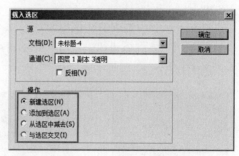
图 2-135　"载入选区"对话框

（1）通过选项栏进行运算

通过选项栏进行运算的方式适用于同时在一个图层中选区的布尔运算。在一个图层上绘制选区后，单击选项栏中的按钮，即可对原选区进行操作。在 Photoshop 中，选区工具的选项栏包含 4 个按钮，从左到右依次为：新建选区、添加到选区、从选区中减去、与选区交叉。

● 新建选区▣

"新建选区"按钮为所有选区工具的默认选区编辑状态。选择"新建选区"按钮后，如果画布中没有选区，则可以创建一个新的选区。但是，如果画布中存在选区，则新创建的选区会替换原有的选区。

● 添加到选区

"添加到选区"可在原有选区的基础上添加新的选区。单击"添加到选区"按钮后（或按【Shift】键），当绘制一个选区后，再绘制另一个选区，则两个选区同时保留，如图 2-136 所示。如果两个选区之间有交叉区域，则会形成叠加在一起的选区，如图 2-137 所示。

图 2-136　添加到选区　　　　　　　　　　　图 2-137　叠加选区

● 从选区中减去

"从选区中减去"可在原有选区的基础上减去新的选区。单击"从选区中减去"按钮后（或按【Alt】键），可在原有选区的基础上减去新创建的选区部分，如图 2-138 所示。

● 与选区交叉

"与选区交叉"用来保留两个选区相交的区域。单击"与选区交叉"按钮后（或按【Alt+Shift】组合键），画面中只保留原有选区与新创建的选区相交的部分，如图 2-139 所示。

图 2-138　从选区减去　　　　　　　　　　　图 2-139　与选区交叉

（2）通过"载入选区"对话框进行运算

通过"载入选区"对话框进行运算适用于不同图层中选区的布尔运算。在 Photoshop 中，"载入选区"对话框中包含 4 个选项，从上到下依次为：新建选区、添加到选区、从选区中减去、与选区交叉，这 4 个选项的功能分别与选区选项栏中的 4 个按钮相对应。当我们想将不同图层内的元素进行布尔运算时，首先选中一个图层，执行"选择→载入选区"命令，在弹出的对话框中选择"新建选区"选项，单击"确定"按钮后载入选区，其次选择要进行布尔运算的图层，执行"选择→载入选区"命令，在弹出的对话框中选择对应选项进行布尔运算即可。

4. 图层重命名

在 Photoshop 中，新建图层的默认名称为"图层 1""图层 2""图层 3"……。为了方便图层的管理，经常需要对图层进行重命名，从而可以更加直观地操作和管理各个图层，大大提高工作效率。

执行"图层→重命名图层"命令，图层名称会进入可编辑状态，如图 2-140 所示，此时输入需要的名称即可，如图 2-141 所示。另外，在"图层"面板中，直接双击图层名称，也可以对图层进行重命名操作。

图 2-140　图层可编辑状态

图 2-141　重命名图层

2.4.2　实现步骤

1. 制作圆环

Step01：执行"文件→新建"命令（或按【Ctrl+N】组合键）调出"新建"对话框。设置"宽度"为 860 像素、"高度"为 670 像素、"分辨率"为 72 像素/英寸、"颜色模式"为 RGB 颜色、"背景内容"为白色，单击"确定"按钮，如图 2-142 所示，完成画布的创建。

Step02：执行"文件→存储为"命令（或按【Ctrl+Shift+S】组合键），在弹出的对话框中以名称"【综合案例 4】套环效果.psd"保存文件。

Step03：单击图层面板下方的"创建新图层"按钮 （或按【Ctrl+Alt+Shift+N】组合键）创建一个新图层。此时，图层面板中会出现名称为"图层 1"的透明图层。

Step04：双击"图层 1"图层缩览图后的图层名称，进入可编辑状态，如图 2-143 所示，输入"橙色"，按【Enter】键完成图层的重命名

Step05：选择"椭圆选框工具" ，在选项栏设置羽化半径为 0、勾选"消除锯齿"选项，绘制一个大小为 226 像素的正圆，将选区填充为橙色（RGB：255、151、76），如图 2-144 所示。

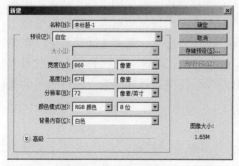

图 2-142　新建文件

图 2-143　编辑图层名称

图 2-144　绘制橙色正圆

Step06：执行"选择→变换选区"命令，调出定界框，按住【Alt+Shift】组合键，拖动定界框角点，调整选区大小如图 2-145 所示。按【Enter】键确认变换，再按【Delete】键将选区内颜色删除，按【Ctrl+D】组合键取消选择，效果如图 2-146 所示。

Step07：按【Ctrl+J】组合键复制"橙色"图层，将得到的新图层重命名为"浅黄色"，将其移动到合适位置，如图 2-147 所示。

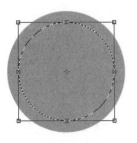

图 2-145　调整选区大小　　　图 2-146　删除选区颜色　　　　图 2-147　移动图层

Step08：选中"橙色"图层，单击"锁定透明像素"按钮▨，将透明背景锁定，按
【Alt+Delete】组合键将其填充为浅黄色（RGB：255、218、163），效果如图 2-148 所示。

Step09：按照 Step07~Step08 的方法分别绘制土黄色（RGB：236、189、151）、粉色（RGB：
255、150、151）的圆环，如图 2-149 所示，并依次将图层重命名为"土黄色"和"粉色"。

图 2-148　复制并移动　　　　　　　　　　图 2-149　圆环效果图

2. 制作套环效果

Step01：选中"橙色"图层，执行"选择→载入选区"命令，弹出"载入选区"对话
框，单击"确定"按钮载入选区，如图 2-150 所示。

Step02：选中"浅黄色"图层，执行"选择→载入选区"命令，在弹出的"载入选区"
对话框中单击"与选区交叉"按钮，如图 2-151 所示。单击"确定"按钮即可得到两个图层
相交部分的选区，如图 2-152 所示。

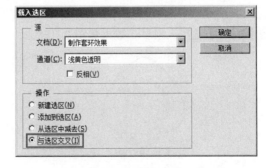

图 2-150　载入选区 1　　　　　　　　　　图 2-151　载入选区 2

Step03：选择"矩形选框工具"，在选项栏中单击"从选区中减去"按钮▣，减选在
下方的选区，如图 2-153 所示。按【Delete】键删除选区内颜色，按【Ctrl+D】组合键取消选
择，效果如图 2-154 所示。

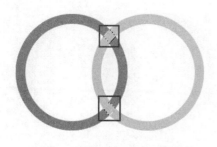  

图 2-152　橙色与土黄色相交部分　　　图 2-153　减选选区　　　图 2-154　删除选区内颜色

Step04：按照 Step01~Step03 的方法，删除相交圆环的多余颜色，如图 2-155 所示，最后效果如图 2-156 所示的套环效果。

图 2-155　删除红框内颜色

图 2-156　套环效果图

3. 添加智能对象

Step01：将素材图片"智能对象 1（如图 2-157 所示）拖入画布中，调整至合适位置，按【Enter】键置入素材，效果如图 2-158 所示。

智能对象1.png

图 2-157　素材图片 1

图 2-158　置入素材

Step02：按照 Step01 的方法，依次将素材图片"智能对象 2""智能对象 3""智能对象 4"（见图 2-159）拖入画布中，调整至合适位置，最终效果如图 2-160 所示。

智能对象2.png

智能对象3.png

智能对象4.png

图 2-159　素材图片 2

图 2-160　最终效果图

动 手 实 践

学习完前面的内容，下面来动手实践一下吧：

请绘制如图 2-161 所示的 3 个有意思的表情。

图 2-161　表情

第3章 图层与选区工具高级技巧

学习目标

- 掌握渐变工具的使用方法，可以绘制常见的渐变效果。
- 掌握魔棒工具的使用方法，可以将图片的主体抠取。
- 熟悉图像的变形操作，会使用斜切、扭曲、透视、变形实现一些特殊效果。

在第 2 章中我们可以使用"图层"与"选区"来绘制一些基础图形，然而要想实现一些特殊效果，例如渐变填充、变形操作、特殊选区的绘制等，还需要对"图层"和"选区"工具有一些更深的认识。本章将对"图层"与"选区"工具的高级技巧进行详细讲解。

3.1 【综合案例 5】水晶球

"渐变"在 Photoshop 中的应用非常广泛，运用"渐变工具"可以进行多种颜色的混合填充，从而增强图像的视觉效果。本节将通过一个水晶球的制作，使读者掌握"渐变工具"和"渐变编辑器"的使用。案例效果如图 3-1 所示。

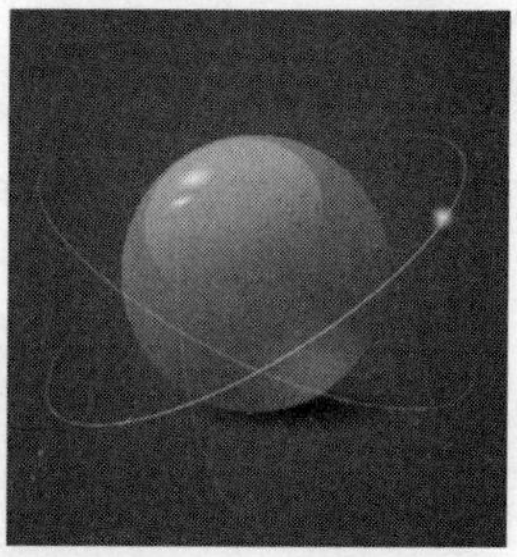

图 3-1 水晶球

3.1.1 知识储备

1. 渐变工具

选择"渐变工具" ▉（或按【G】键）后，需要先在其选项栏中选择一种渐变类型，并设置渐变颜色等选项，如图 3-2 所示，然后再来创建渐变。

图 3-2 渐变工具选项栏

为了使读者更好地理解"渐变工具"，接下来对图 3-2 中的渐变选项进行讲解，具体说明如下。

- ▉▉▉：渐变颜色条中显示了当前的渐变颜色，单击它右侧的▉按钮，可以在打开的下拉面板中选择一个预设的渐变，如图 3-3 所示。
- ▉▉▉▉▉：用于设置渐变类型，从左到右依次为线性渐变、径向渐变、角度渐变、对称渐变和菱形渐变。图 3-4~图 3-8 为不同类型的渐变效果。
- 模式：用来选择渐变时的混合模式。
- 不透明度：用来设置渐变效果的不透明度。

- ■■ 反向：可转换渐变中的颜色顺序，得到反方向的渐变效果。
- ☑ 仿色：勾选此项，可以使渐变效果更加平滑。主要用于防止打印时出现条带化现象，在屏幕上不能明显地体现出作用。默认为勾选状态。
- ☑ 透明区域：勾选此项，即可启用编辑渐变时设置的透明效果，创建包含透明像素的渐变。默认为勾选状态。

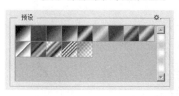

图 3-3　预设的渐变　　图 3-4　线性渐变　图 3-5　径向渐变　图 3-6　角度渐变

设置好渐变参数后，将鼠标指针移至需要填充的区域，按住鼠标左键并拖动，如图 3-9 所示，即可进行渐变填充，效果如图 3-10 所示（这里使用的是线性渐变）。

图 3-7　对称渐变　　图 3-8　菱形渐变　　图 3-9　渐变填充　　图 3-10　渐变填充效果

值得注意的是，进行渐变填充时用户可根据需求调整鼠标拖动的方向和范围，以得到不同的渐变效果。

2. 渐变编辑器

除了使用系统预设的渐变选项外，用户还可以通过"渐变编辑器"自定义各种渐变效果，具体方法如下：

① 在"渐变工具"选项栏中单击"渐变颜色条"，弹出"渐变编辑器"对话框，如图 3-11 所示。

② 将鼠标指针移至"渐变颜色条"的下方，当指针变为 形状后单击即可添加色标，如图 3-12 和图 3-13 所示。

图 3-11　"渐变编辑器"对话框

图 3-12　添加色标

图 3-13　添加色标

③ 如果想删除某个色标，只需将该色标拖出对话框，或单击该色标，然后单击"渐变编辑器"窗口下方的"删除"按钮即可。

④ 双击添加的色标（见图 3-14），将弹出"拾色器（色标颜色）"对话框（见图 3-15），在该对话框中可以更改色标的颜色，更改后的效果如图 3-16 所示。

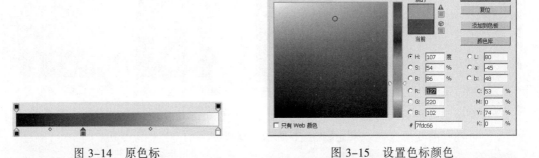

图 3-14　原色标　　　　　　　　　　　　　　　图 3-15　设置色标颜色

⑤ 在渐变颜色条的上方单击可以添加不透明度色标，通过"色标"栏中的"不透明度"和"位置"可以设置不透明色标的不透明度和位置，如图 3-17 所示。

图 3-16　更改后的色标　　　　　　　　　　　　图 3-17　添加不透明度色标

3. 图层的不透明度

"不透明度"用于控制图层、图层组中绘制的像素和形状的不透明程度。通过"图层"面板右上角的"不透明度"数值框可以对当前"图层"的透明度进行调节，其设置范围为 0% 到 100%。

打开一个素材文件，如图 3-18 所示。在"图层"面板中选中"女孩"图层，将其"不透明程度"设置为 50%，这时"女孩"图层将变为半透明状态，透露出其下面的图层内容，如图 3-19 所示。

图 3-18　不透明度为 100%　　　　　　　　　　图 3-19　不透明度为 50%

值得注意的是，在使用除画笔、图章、橡皮擦等绘画和修饰之外的其他工具时，按键盘中的数字键即可快速修改图层的不透明度。例如，按下"3"时，不透明度会变为30%；按下"33"时，不透明度会变为33%,；按下"0"时，不透明度会恢复为100%。

3.1.2 实现步骤

1. 绘制球体

Step01：按【Ctrl+N】组合键，弹出"新建"对话框。设置"宽度"为600像素、"高度"为600像素、"分辨率"为72像素/英寸、"颜色模式"为RGB颜色、"背景内容"为白色，单击"确定"按钮，完成画布的创建。

Step02：执行"文件→存储为"命令，在弹出的对话框中以名称"【综合案例5】水晶球.psd"保存图像。

Step03：设置前景色为浅蓝色（RGB：21、99、160），背景色为深蓝色（RGB：9、45、99）。

Step04：选择"渐变工具"（或按【G】键），在其选项栏中单击"径向渐变"按钮，再单击"渐变颜色条"，将弹出"渐变编辑器"对话框，如图3-20所示。

图3-20　渐变编辑器

Step05：在"渐变编辑器"的"预设"选项中选择第一项，单击"确定"按钮。

Step06：将光标移至画布中心，按住【Shift】键，向下拖动光标至画布下方，如图3-21所示。释放鼠标，画面效果如图3-22所示。

Step07：按【Ctrl+Shift+Alt+N】组合键新建"图层1"。接着选择"椭圆选框工具"，在画布中绘制一个正圆选区。

Step08：设置前景色为橙色（RGB：252、135、0），背景色为暗红色（RGB：128、31、0）。选择"渐变工具"，在其选项栏中单击"线性渐变"按钮。

Step09：将光标移至正圆选区的左上角，并拖动光标至其右下角，如图3-23所示。释放鼠标，按【Ctrl+D】组合键取消选区，即可得到水晶球的球体，如图3-24所示。

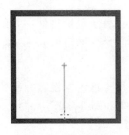   

图3-21　拖动鼠标　　　图3-22　画面效果　　　图3-23　拖动鼠标　　　图3-24　画面效果

2. 绘制投影

Step01：按【Ctrl+Shift+Alt+N】组合键新建"图层 2"。将前景色和背景色均设置为黑色，单击"渐变颜色条" ，在弹出的"渐变编辑器"对话框的"预设"选项中选择第二项，如图 3-25 所示，单击"确定"按钮。

Step02：单击"径向渐变"按钮，在画布中拖动，会出现一个由黑色到透明的图形（即水晶球的投影），如图 3-26 所示。

Step03：按【Ctrl+T】组合键调出定界框。将鼠标指针置于定界框的上边点处，按住【Alt+Shift】组合键不放，向下拖动鼠标，将图 3-27 所示的"投影"压扁，效果如图 3-26 所示。

Step04：选择"移动工具"，将"图层 2"（即投影）移动至"图层 1"（即球体）下方合

图 3-25　渐变编辑器

适的位置。接着在"图层"面板中，将"图层 2"拖动至"图层 1"的下方，此时画面效果如图 3-28 所示。

图 3-26　绘制投影

图 3-27　绘制投影

图 3-28　移动投影

3. 绘制亮面、高光与反光

Step01：按【Ctrl+Shift+Alt+N】组合键新建"图层 3"。接着选择"椭圆选框工具"，在水晶球球体上合适的位置绘制一个椭圆选区，如图 3-29 所示。

Step02：将前景色和背景色均设置为浅黄色（RGB：254、193、0）。选择"渐变工具"，在其选项栏中单击"线性渐变"按钮。

Step03：将鼠标指针移至椭圆选区的上方，按住【Shift】键的同时拖动鼠标指针至其下方合适的位置，如图 3-30 所示。释放鼠标，按【Ctrl+D】组合键取消选区，即可得到水晶球的亮面，如图 3-31 所示。

Step04：按【Ctrl+Shift+Alt+N】组合键新建"图层 4"。将前景色和背景色均设置为白色，单击"径向渐变"按钮，在画布中拖动，会出现一个由白色到透明的渐变图形（即水晶球的高光），如图 3-32 所示。

Step05：按【Ctrl+T】组合键调出定界框。将鼠标指针置于定界框的上边点处，按住【Alt+Shift】组合键不放，向下拖动鼠标，将图 3-32 所示的"高光"压扁，并使用"移动工具"

将其移动至合适的位置，效果如图 3-33 所示。

图 3-29　绘制椭圆选区

图 3-30　拖动鼠标

图 3-31　绘制亮面

Step06：选中"图层 4"，按【Ctrl+J】组合键进行复制，得到"图层 4 副本"。使用"移动工具"移动"图层 4 副本"至"图层 4"左下方合适的位置，并按【Ctrl+T】组合键调出定界框将其缩小，然后在"图层"面板中将其"不透明度"设置为 60%，效果如图 3-34 所示。

图 3-32　绘制高光

图 3-33　移动高光

图 3-34　复制移动高光

Step07：在"图层"面板中选中"图层 3"、"图层 4"和"图层 4 副本"，按【Ctrl+T】组合键调出定界框，将鼠标指针移至定界框的角点处，对这 3 个图层进行旋转，接着使用"移动工具"将它们移动至合适的位置，效果如图 3-35 所示。

Step08：按【Ctrl+Shift+Alt+N】组合键新建"图层 5"。将前景色和背景色均设置为橙色（RGB：206、108、0）。

Step09：选择"渐变工具"，在其选项栏中单击"径向渐变"按钮，在画布中拖动，会出现一个由橙色到透明的渐变图形（即水晶球的反光），如图 3-36 所示。

Step10：选择"移动工具"，将"图层 5"（即反光）移动到水晶球上合适的位置，效果如图 3-37 所示。

图 3-35　旋转并移动亮面及高光

图 3-36　绘制反光

图 3-37　移动反光

4. 绘制光环

Step01：按【Ctrl+Shift+Alt+N】组合键新建"图层 6"。接着选择"椭圆选框工具" ，在画布中绘制一个椭圆选区，如图 3-38 所示。

Step02：将前景色和背景色均设置为白色，选择"渐变工具" ，在其选项栏中单击"线性渐变"按钮 ，接着单击"渐变颜色条"，在弹出的"渐变编辑器"对话框的"预设"选项中选择第二项，单击"确定"按钮。

Step03：将鼠标指针移至椭圆选区的下方，按住【Shift】键的同时拖动鼠标至其上方合适的位置，如图 3-39 所示。释放鼠标，效果如图 3-40 所示。

图 3-38 绘制椭圆选区　　　　图 3-39 拖动鼠标　　　　图 3-40 渐变填充

Step04：执行"选择→修改→收缩"命令，在弹出的"收缩选区"对话框中将"收缩量"设置为 1 像素，然后单击"确定"按钮。

Step05：按【Delete】键，对选区中的图像进行删除，接着按【Ctrl+D】组合键取消选区，效果如图 3-41 所示。

Step06：按【Ctrl+T】组合键调出定界框，将鼠标指针移至定界框边点处对"图层 6"（即光环）进行旋转，效果如图 3-42 所示。

Step07：按【Ctrl+J】组合键对"图层 6"进行复制，得到"图层 6 副本"。按【Ctrl+T】组合键调出定界框，将鼠标指针移至定界框边点处对"图层 6 副本"进行旋转，并设置其"不透明度"为 50%，效果如图 3-43 所示。

图 3-41 绘制光环　　　　图 3-42 旋转"图层 6"　　　　图 3-43 旋转"图层 6 副本"

Step08：按【Ctrl+J】组合键对"图层 6 副本"进行复制，得到"图层 6 副本 2"。按【Ctrl+T】组合键调出定界框，将鼠标指针移至定界框边点处对"图层 6 副本 2"进行旋转，并设置其"不透明度"为 20%，效果如图 3-44 所示。

Step09：按【Ctrl+Shift+Alt+N】组合键新建"图层 7"。将前景色和背景色均设置为白色，单击"径向渐变"按钮 ，在画布中拖动，会出现一个由白色到透明的渐变图形，选择"移动工具" 将其移动至光环上合适的位置，效果如图 3-45 所示。

图 3-44　旋转"图层 6 副本 2"　　　　图 3-45　绘制亮光

3.2　【综合案例 6】水果螃蟹

通过前面的学习，我们已经可以利用基本的选区工具在 Photoshop 中绘制一些简单的图像。然而 Photoshop 的强大之处并不仅仅在于图像绘制，还可以通过图像的处理及拼合得到一些特殊效果。本节将对图像进行处理并将其拼合为一个螃蟹形状，其效果如图 3-46 所示。通过本案例的学习，读者能够掌握"魔棒工具"、"套索工具"和"魔术橡皮擦工具"的使用方法。

图 3-46　"水果螃蟹"效果图

3.2.1　知识储备

1. 魔棒工具

"魔棒工具" ✦ 是基于色调和颜色差异来构建选区的工具，它可以快速选择色彩变化不大，且色调相近的区域。选择"魔棒工具"（或按【W】键），在图像中单击，如图 3-47 所示，则与单击点颜色相近的区域都会被选中，如图 3-48 所示。

图 3-47　魔棒工具单击图像　　　　图 3-48　选中的区域

图 3-49 所示为"魔棒工具"的选项栏，通过其中的"容差"和"连续"选项可以控制选区的精确度和范围。

图 3-49 "魔棒工具"选项栏

对"容差"和"连续"选项的说明如下。

- 容差：是指容许差别的程度。在选择相似的颜色区域时，容差值的大小决定了选择范围的大小，容差值越大则选择的范围越大，如图 3-50 和图 3-51 所示。容差值默认为 32，用户可根据选择的图像不同而增大或减小容差值。

图 3-50 容差值为 20

图 3-51 容差值为 80

- 连续：勾选此项时，只选择颜色连接的区域，如图 3-52 所示。取消勾选时，可以选择与鼠标单击点颜色相近的所有区域，包括没有连接的区域，如图 3-53 所示。

图 3-52 勾选"连续"复选框时的效果

图 3-53 未勾选"连续"复选框时的效果

2. 橡皮擦工具、背景橡皮擦工具和魔术橡皮擦工具

在 Photoshop 中包含了"橡皮擦工具"、"背景橡皮擦工具"和"魔术橡皮擦工具"，都是用于擦除图像中的像素，具体说明如下。

（1）橡皮擦工具

"橡皮擦工具" （或按【E】键）用于擦除图像中的像素。如果处理的是背景图层或锁定了透明区域（单击"图层"面板中的 按钮）的图层，涂抹区域会显示为背景色，如图 3-54 所示；处理其他普通图层时，则可擦除涂抹区域的像素，如图 3-55 所示。

图 3-54 擦除"背景"图层

图 3-55 擦除普通图层

选择"橡皮擦工具"时，其工具选项栏如图 3-56 所示。

图 3-56　"橡皮擦工具"选项栏

图 3-56 展示了"橡皮擦工具"的相关选项，对其中一些常用选项的说明如下。

- ：单击该按钮右侧的 图标，在弹出的设置框中输入相应的数值，可对橡皮擦的笔尖形状、笔刷大小和硬度进行设置。
- 模式：用于设置橡皮擦的种类。选择"画笔"，可创建柔边擦除效果；选择"铅笔"，可创建硬边擦除效果；选择"块"，擦除的效果为块状。
- 抹到历史记录：勾选该项后，"橡皮擦工具"就具有历史记录画笔的功能，可以有选择地将图像恢复到指定步骤。

（2）背景橡皮擦工具

背景橡皮擦工具的操作方法与橡皮擦工具的操作方法类似，但背景橡皮擦是一种智能橡皮擦，它可以自动采集画笔中心的色样，同时删除在画笔内出现的这种颜色，使擦除区域变成透明区域。简单地说即背景橡皮擦工具可以将图像背景擦至透明色，并可用于擦掉指定颜色。在"橡皮擦工具"处右击，会弹出"橡皮擦工具组"快捷菜单，选择"背景橡皮擦工具"，如图 3-57 所示。

图 3-57　选中"背景橡皮擦工具"

打开一个素材文件，选择"背景橡皮擦工具" ，在选项栏中设置笔刷大小为 175 像素、笔刷硬度为 0%、"限制"选择为不连续、"容差"为 30%，在花瓶的白色背景处，多次单击鼠标左键，插花瓶的背景擦除完成，效果图如图 3-58 和图 3-59 所示。

图 3-58　擦除前 　　　　　　　　　　　　　图 3-59　擦除后

（3）魔术橡皮擦工具

魔术橡皮擦工具可以自动分析图像的边缘，是一种根据像素颜色擦除图像的工具。用魔术橡皮擦工具在图像中需要擦除的任一区域单击，所有相似的颜色区域将会被擦除并变成透明区域。在 Photoshop CS6 中选择"魔术橡皮擦工具" ，设置"容差"为 32，勾选"连续"，在背景上单击鼠标左键，背景擦除完成，对比效果图如图 3-60 和图 3-61 所示。

图 3-60 擦除前

图 3-61 擦除后

3. 套索工具

使用"套索工具" 可以创建不规则的选区。在选择"套索工具"（或按【L】键）后，在图像中按住鼠标左键不放并拖动，释放鼠标后，选区即创建完成，如图 3-62 和图 3-63 所示。

图 3-62 创建选区

图 3-63 创建选区后的效果

使用"套索工具"创建选区时，若光标没有回到起始位置，释放鼠标后，终点和起点之间会自动生成一条直线来闭合选区。未释放鼠标之前按【Esc】键，可以取消选定。

4. 缩放工具

编辑图像时，为了查看图像中的细节，经常需要对图像在屏幕中的显示比例进行放大或缩小，这时就需要用到"缩放工具"。选择"缩放工具"（或按【Z】键），当光标变为 形状时在图像窗口中单击，即可放大图像到下一个预设百分比；按住【Alt】键单击，可以缩小图像到下一个预设百分比。

在 Photoshop CS6 中编辑图像时，有一些缩放图像的小技巧，具体说明如下。

- 按【Ctrl+加号】组合键，能以一定的比例快速放大图像。
- 按【Ctrl+减号】组合键，能以一定的比例快速缩小图像。
- 按【Ctrl+1】组合键，能使图像以 100%的比例（即实际像素）显示。

选择"缩放工具"后，按住鼠标左键不放，在图像窗口中拖动，可以将选中区域局部放大。

5. 抓手工具

当图像尺寸较大，或者由于放大窗口的显示比例而不能显示全部图像时，窗口中将自动出现垂直或水平滚动条。这时，如果要查看图像的隐藏区域，可以使用"抓手工具"移动画面。

选择"抓手工具"（或按【H】键），在画面中按住鼠标左键不放并拖动，可以平移图像在窗口中的显示内容，以观察图像窗口中无法显示的内容，如图 3-64 所示。

图 3-64　平移视图

6. 裁剪工具

在对数码照片或者扫描的图像进行处理时，经常需要裁剪图像，以便删除多余的内容，使画面的构图更加完美。"裁剪工具" 可以对图像进行裁剪，重新定义画布的大小。

选择"裁剪工具"（或按【C】键），画面的四周会出现边框（类似于自由变换中的定界框）。将光标定位在边框的边点或角点处，向内拖动，会发现边框以外的区域变成灰色，如图 3-65 所示。单击"移动工具" ，在弹出来的对话框中单击"裁剪"按钮，即可完成图像的裁剪，效果如图 3-66 所示。

图 3-65　裁剪图像　　　　　　　　　图 3-66　裁剪图像效果

值得注意的是，在"裁剪"图像时，除了可以通过控制裁剪框的范围来调整图像的范围外，还可按住鼠标左键不放，在图像窗口中拖动图像来确定目标图像范围。

图 3-67 所示为"裁剪工具"的选项栏，其中常用的参数及其作用如表 3-1 所示。

图 3-67　"裁剪工具"选项栏

表 3-1　"裁切工具"选项说明

序号	参　　数	说　　明
❶	裁剪方式	包括"不受约束""原始比例"等选项，用户可以输入宽度、高度和分辨率等，裁剪后图像的尺寸由输入的数值决定

续表

序号	参　　数	说　　明
❷	拉直	单击该按钮，可以通过在图像上画一条线来拉直该图像，常用于校正倾斜的图像
❸	删除裁剪的像素	不勾选该选项，Photoshop 会将裁剪工具裁掉的部分保留，可以随时还原；如果勾选"删除裁剪的像素"复选框，将不再保留裁掉的部分

注意：如果在裁剪框上向外拖动鼠标，可增大画布，且增大的画布区域的颜色为当前的背景色。

3.2.2　实现步骤

1. 置入素材"螃蟹"

Step01：按【Ctrl+O】组合键打开素材图像"水背景"（见图 3-68），使用裁剪工具将其裁剪成如图 3-69 所示大小。

图 3-68　水背景

图 3-69　素材图像"水背景"

Step02：执行"文件→存储为"命令（或按【Ctrl+Shift+S】组合键），在弹出的对话框中以名称"【综合案例 6】水果螃蟹.psd"保存文件。

Step03：打开素材图像"螃蟹"，如图 3-70 所示。

Step04：将鼠标定位工具箱中的"快速选择工具" 上，单击鼠标右键，在弹出的工具组中，选择第 2 项"魔棒工具" （或按【W】键）。

Step05：在魔棒工具选项栏中将"容差"设置为 5、勾选"消除锯齿"、不勾选"连续"。单击素材图像"螃蟹.jpg"的白色背景，将白色背景载入选区，如图 3-71 所示。

Step06：执行"选择→反向"命令（或按【Ctrl+Shift+I】组合键），将选中螃蟹所在的区域，如图 3-72 所示。

图 3-70　素材图像"螃蟹"

图 3-71　魔棒选择选区

图 3-72　选中螃蟹的区域

Step07：选择工具箱中的"移动工具" ，将光标置于素材图像"螃蟹"的选区内，

拖动"螃蟹"至"【综合案例 6】水果螃蟹.psd"内，得到"图层 1"（即"螃蟹"所在的图层）。调整"螃蟹"至适当位置，效果如图 3-73 所示。

图 3-73　"螃蟹"拖入"水背景"

2. 绘制水果螃蟹的躯体

Step01：将素材图像"葡萄"（见图 3-74），拖入画布中，得到"葡萄"图层，调整素材大小，在图层上单击鼠标右键，在弹出的菜单中选择"栅格化图层"选项，将图层栅格化。

Step02：选择"魔术橡皮擦工具"　，在葡萄素材的白色背景处单击鼠标左键，得到透明背景的素材，如图 3-75 所示。

Step03：执行"图层→复制图层"命令（或按【Ctrl+J】组合键），弹出"复制图层"对话框，单击"确定"按钮，在图层面板中，得到"葡萄 副本"，如图 3-76 所示。

图 3-74　葡萄　　　　　　　图 3-75　透明背景　　　　　　图 3-76　复制图层

Step04：选择"移动工具"　，拖动"葡萄 副本"至"螃蟹"躯体的右上角，效果如图 3-77 所示。

Step05：执行"编辑→自由变换"命令（或按【Ctrl+T】组合键），调出"自由变换"定界框。

Step06：将光标置于定界框的角点，当光标变成弯曲的双箭头状时↰，按住鼠标左键并向下拖动，将"葡萄"旋转，按【Enter】键确定自由变换操作，效果如图 3-78 所示。

Step07：在图层面板中，拖动"葡萄 副本"至"葡萄"图层下方，如图 3-79 所示。

　图 3-77　拖动"葡萄副本"　　　　图 3-78　旋转"葡萄副本"　　　图 3-79　调整图层顺序

Step08：选择"缩放工具"![图标]，将图像放大，选中"葡萄"图层，选择工具箱中的"套索工具"![图标]，在其选项栏中设置"羽化"为 2 像素。按住鼠标左键不放，在"葡萄"上勾选一个完整的葡萄粒，效果如图 3-80 所示。

Step09：按【Ctrl+J】组合键，得到"图层 2"。选择"移动工具"![图标]，将"图层 2"拖至"葡萄"的"葡萄梗"处，将"葡萄梗"遮住，效果如图 3-81 所示。

　　　图 3-80　勾选"葡萄粒"　　　　　　　　　　图 3-81　移动"图层 3"

Step10：重复 Step09 的操作，将"葡萄 副本"的"葡萄梗"也遮住。

Step11：再次选中"葡萄"，按【Ctrl+J】组合键，得到"葡萄 副本 2"。在图层面板中，拖动"葡萄 副本 2"至"图层 1"（即"螃蟹"所在的图层）之上。

Step12：按【Ctrl+T】组合键，将"葡萄 副本 2"缩小并旋转，效果如图 3-82 所示。按【Enter】键确定自由变换操作。

Step13：选择"套索工具"![图标]，将"葡萄 副本 2"中较亮的"葡萄粒"圈选，并按【Delete】键删除，效果如图 3-83 所示。按【Ctrl+D】组合键，取消选区。

　图 3-82　缩小并旋转"葡萄副本 2"　　　　　图 3-83　删除较亮的"葡萄粒"

Step14：多次重复 Step010、Step011 和 Step012 的操作，最终效果如图 3-84 所示。

Step15：在图层面板中，选中除"背景层"和"图层 1"以外的所有图层。执行"图层→合并图层"命令（或按【Ctrl+E】组合键），并双击合并后的图层名称，将其重命名为"螃蟹躯体"，如图 3-85 所示。

图 3-84　复制图层

图 3-85　合并图层并重命名

3. 绘制水果螃蟹的肚脐

Step01：将素材图像"豆角"（见图 3-86）拖入画布中，得到"豆角"图层，将其放置于"螃蟹躯体"的底部，效果如图 3-87 所示。

图 3-86　素材图像"豆角"

图 3-87　拖动素材图像"豆角"

Step02：按【Ctrl+J】组合键，复制"豆角"得到"豆角　副本"。按【Ctrl+T】组合键，将"豆角　副本"缩小并移动至"豆角"上方，按【Enter】键确定自由变换操作，效果如图 3-88 所示。

Step03：重复 Step02 的操作，并得到"豆角　副本 2"图层，效果如图 3-89 所示。

图 3-88　复制并移动"豆角"

图 3-89　螃蟹肚脐效果

Step04：在图层面板中，选中"豆角"、"豆角 副本"和"豆角 副本 2"，按【Ctrl+E】组合键，将其合并。双击合并后的图层名称，将其重命名为"螃蟹肚脐"。

4. 绘制水果螃蟹的蟹螯

Step01：将素材图像"香蕉"（见图 3-90）拖入画布中，得到"香蕉"图层，将其放置于"螃蟹躯体"的右侧，效果如图 3-91 所示。

图 3-90　素材图像"香蕉"　　　　　　　　　图 3-91　拖动素材图像"香蕉"

Step02：按【Ctrl+J】组合键，复制"香蕉"得到"香蕉 副本"。接着，按【Ctrl+T】组合键，单击鼠标右键，在弹出的菜单中选择"水平翻转"命令，按【Enter】键确定自由变换操作，效果如图 3-92 所示。

Step03：选择"移动工具"，将"香蕉 副本"拖至"螃蟹躯体"的左侧。按【Ctrl+T】组合键，将"图层 2 副本"缩小并旋转，然后移动至适当位置，按【Enter】键确定自由变换操作，效果如图 3-93 所示。

图 3-92　水平翻转图像　　　　　　　　　图 3-93　缩小并旋转图像

Step04：将素材图像"芒果"（见图 3-94）拖入画布中，得到"芒果"图层，将其放置在"螃蟹躯体"的右侧，效果如图 3-95 所示。

Step05：按【Ctrl+J】键，复制"芒果"得到"芒果 副本"。接着，按【Ctrl+T】键，单击鼠标右键，在弹出的菜单中选择"水平翻转"命令，最后，按【Enter】键确定自由变换操作。

Step06：选择"移动工具"，将"芒果 副本"拖至"螃蟹躯体"的左侧。按【Ctrl+T】组合键，将"芒果 副本"缩小并旋转，然后移动至适当位置，按【Enter】键确定自由变换操作，效果如图 3-96 所示。

图 3-94　素材图像　　　图 3-95　拖动素材图像"芒果"　　　图 3-96　缩小并旋转图像
　　　"芒果"

Step07：将素材图像"苦瓜"（见图 3-97）拖入画布中，得到"苦瓜"图层，将其放置于"螃蟹躯体"的右侧，效果如图 3-98 所示。

图 3-97　素材图像"苦瓜"　　　　　　图 3-98　拖动素材"苦瓜"

Step08：重复 Step05、Step06 的操作，将苦瓜调整至如图 3-99 效果。

Step09：在图层面板中，选中所有"苦瓜"、"芒果"和"香蕉"所在的图层，并按【Ctrl+E】组合键，将所选图层合并。然后，双击合并后的图层名称，将其重命名为"螃蟹蟹螯"。

Step10：拖动图层"螃蟹蟹螯"至"螃蟹躯体"图层之下，效果如图 3-100 所示。

图 3-99　制作"苦瓜"蟹螯　　　　　　图 3-100　调整图层顺序

5. 绘制水果螃蟹的腿部

Step01：将素材图像"杨桃"（见图 3-101）拖入画布中，得到"杨桃"图层。

Step02：按【Ctrl+T】组合键，调整素材图像"杨桃"的大小，并将其移至适当的位置，效果如图 3-102 所示。

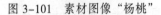

图 3-101　素材图像"杨桃"　　　　　　　图 3-102　调整素材图像"杨桃"的大小和位置

Step03：通过反复按【Ctrl+J】组合键，复制"杨桃"图层，再对复制的图层使用"自由变换"命令（或按【Ctrl+T】组合键），调整其方向和大小，并移动至适当位置，效果如图 3-103 所示。

Step04：在图层面板中，选中所有的"杨桃"图层，按【Ctrl+E】组合键，将其合并，并将其重命名为"螃蟹腿部"。将图层"螃蟹腿部"拖动至"螃蟹蟹螯"之下，效果如图 3-104 所示。

图 3-103　制作螃蟹的腿部　　　　　　　　　图 3-104　调整图层顺序

6. 水果螃蟹的眼睛

Step01：将素材图像"樱桃"（见图 3-105）拖入画布中，得到"樱桃"图层，在图层面板中，将"樱桃"调整至所有图层之上，如图 3-106 所示。

图 3-105　素材图像"樱桃"　　　　　　　　图 3-106　拖动素材图像"樱桃"

Step02：选中"樱桃"图层，按【Ctrl+J】组合键，复制"樱桃"得到"樱桃 副本"。按【Ctrl+T】组合键，单击鼠标右键，在弹出的菜单中选择"水平翻转"命令，并拖动"樱桃副本"至螃蟹的右边，按【Enter】键确定自由变换操作，效果如图 3-107 所示。

Step03：按【Ctrl+Shift+Alt+N】组合键新建"图层 2"。选择"椭圆选框工具" ，按住【Shift】键不放，在"樱桃"上适当的位置绘制一个正圆选区，效果如图 3-108 所示。

图 3-107　移动"樱桃副本"　　　　　　　　图 3-108　绘制正圆选区

Step04：将前景色设置为白色，将背景色设置为灰色（RGB：190、190、190）。

Step05：选择"渐变工具" （或按【G】键），在其选项栏中按"径向渐变"按钮，单击"渐变颜色条" ，将弹出"渐变编辑器"对话框，如图 3-109 所示。

Step06：在"渐变编辑器"的"预设"选项中选择第一项，单击"确定"按钮。

Step07：将光标移至正圆选区的右上角，按住鼠标左键并拖动光标至其左下角，如图 3-110 所示。释放鼠标，按【Ctrl+D】组合键，取消选区，效果如图 3-111 所示。

图 3-109　"渐变编辑器"对话框　　　　　图 3-110　拖动光标　　　图 3-111　填充效果

Step08：按【Ctrl+Shift+Alt+N】组合键新建"图层 3"。选择"椭圆选框工具" ，按住【Shift】键不放，在"樱桃"上适当的位置绘制一个正圆选区，并填充黑色，效果如图 3-112 所示。按【Ctrl+D】组合键，取消选区。

Step09：按【Ctrl+Shift+Alt+N】组合键新建"图层 4"，在"图层 4"上绘制一个正圆，并填充白色，按【Ctrl+D】组合键，取消选区，效果如图 3-113 所示。

图 3-112　填充黑色正圆选区

图 3-113　绘制白色正圆选区

Step10：在图层面板中，选中"图层 2"、"图层 3"和"图层 4"，按【Ctrl+J】组合键，复制选中的图层。选择"移动工具" ，将复制的图层拖至另一颗樱桃上，效果如图 3-114 所示。

Step11：按【Ctrl+T】组合键，单击鼠标右键，在弹出的菜单中选择"水平翻转"命令，效果如图 3-115 所示。

图 3-114　复制并移动"眼珠"

图 3-115　"水平翻转"命令

7. 绘制水果螃蟹的影子

Step01：选中"图层 1"（即"螃蟹"所在的图层），按住【Ctrl】键不放，在图层面板中，单击"图层 1"前方的图层缩览图，如图 3-116 所示，将"螃蟹"载入选区。

图 3-116　载入选区

Step02：执行"选择→修改→羽化"命令，在弹出的"羽化选区"对话框中设置"羽化半径"为 20 像素，单击"确定"按钮。

Step03：按【Ctrl+Shift+Alt+N】组合键，新建"图层 5"。将选区填充为黑色，效果如图 3-117 所示。按【Ctrl+D】组合键，取消选区。

Step04：按【Ctrl+T】组合键，在定界框上单击鼠标右键，在弹出的菜单中选择"垂直翻转"命令，然后按住【Ctrl】键不放，拖动定界框的角点，使其变换成如图 3-118 所示形状。

Step05：在图层面板中，将"不透明度"设置为 50%，效果如图 3-119 所示。

Step06：在图层面板中，单击"图层 1" 的"指示图层可见性"按钮 ，隐藏"图层 1"，效果如图 3-120 所示。

图 3-117　填充"羽化"的选区

图 3-118　自由变换

图 3-119　设置不透明度

图 3-120　隐藏"图层 1"

3.3　【综合案例 7】艺术相框

"变形"命令可以将图像的形态发生变化,通常用于图像处理。本节将通过对素材图像"衬布"、"风景"及"画框"进行处理及变形,得到一个"艺术相框",效果如图 3-121 所示。通过本案例的学习,读者能够掌握"斜切""扭曲"等变形操作。

图 3-121　艺术相框效果展示

3.3.1　知识储备

变形操作

按【Ctrl+T】组合键调出图像的定界框,从而可以对图像进行"缩放"和"旋转"变换。

在 Photoshop CS6 中除了"缩放""旋转"外，还可以对图像进行"斜切"、"扭曲"、"透视"与"变形"操作。一般情况下，称"缩放"与"旋转"为变换操作，称"斜切"、"扭曲"、"透视"与"变形"为变形操作。

（1）斜切

按【Ctrl+T】组合键调出图像定界框并右击，在弹出的菜单中选择"斜切"命令，将鼠标指针置于定界框外侧，光标会变为↔或↕状，单击并拖动鼠标可以沿水平或垂直方向斜切对象，如图 3-122 所示。

原图　　　　　　　水平斜切　　　　　　　垂直斜切

图 3-122　斜切图像

（2）扭曲

按【Ctrl+T】组合键调出图像的定界框并右击，在弹出的快捷菜单中选择"扭曲"命令，将鼠标指针放在定界框的角点或边点上，光标会变为▷状，单击并拖动鼠标可以扭曲对象，如图 3-123 所示。

（3）透视

按【Ctrl+T】组合键调出定界框并右击，在弹出的快捷菜单中选择"透视"命令，将光标放在定界框的角点或边点上，光标会变为▷状，单击并拖动鼠标可进行透视变换，如图 3-124 所示。

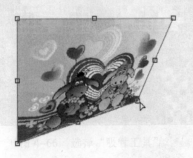 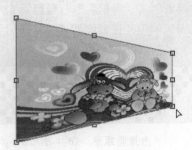

图 3-123　扭曲图像　　　　　　　　　　　　图 3-124　透视图像

（4）变形

按【Ctrl+T】组合键调出图像的定界框并右击，在弹出的菜单中选择"变形"命令，画面中将显示网格，将鼠标指针放在网格内，光标变为▷状，单击并拖动鼠标可进行变形变换，如图 3-125 所示。

值得注意的是，在确定"斜切"、"扭曲"、"透视"与"变形"这些变形操作前，按【Esc】键可以取消变形。

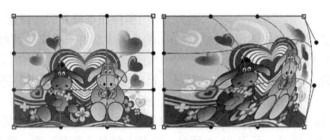

图 3-125　变形图像

3.3.2　实现步骤

1. 置入衬布背景

Step01：按【Ctrl+N】组合键，弹出"新建"对话框，设置"宽度"为 500 像素、"高度"为 300 像素、"分辨率"为 72 像素/英寸、"颜色模式"为 RGB 颜色、"背景内容"为白色，单击"确定"按钮，完成画布的创建。

Step02：执行"文件→存储为"命令，在弹出的对话框中以名称"【综合案例 7】艺术相框.psd"保存图像。

Step03：将素材图片"衬布"拖入画布中，效果如图 3-126 所示。双击图片置入图片素材，效果如图 3-127 所示。

图 3-126　拖入素材图片

图 3-127　双击置入图片

Step04：按【Ctrl+T】组合键调出定界框，接着按住【Shift】键，将鼠标指针移至定界框的角点处，将"衬布"放大至铺满整个画布。按【Enter】键确认自由变换，效果如图 3-128 所示。

图 3-128　放大衬布

Step05：在"图层"面板中选中"衬布"层并右击，在弹出的快捷菜单中执行"栅格化图层"命令。

2. 拼合画框及图像

Step01：将素材图片"画框"拖入画布中，效果如图 3-129 所示。

Step02：将鼠标指针移至图像边框的角点处，按住【Shift】键不放，拖动鼠标将图像缩放至合适的大小，然后双击图片置入图片素材，效果如图 3-130 所示。

图 3-129　拖入素材图片　　　　　　　　　图 3-130　缩放图像

Step03：在"图层"面板中选中"画框"层并右击，在弹出的快捷菜单中执行"栅格化图层"命令。

Step04：选择"魔棒工具" ，将其选项栏中的"容差"设置为 50，在画框边缘白色的区域单击，然后按住【Shift】键不放，在画框内白色的区域再次单击进行加选，这时画框的白色背景将被全部选中，如图 3-131 所示。

Step05：按【Delete】键，删除画框的白色背景，接着按【Ctrl+D】组合键取消选区，效果如图 3-132 所示。

图 3-131　选中画框的背景　　　　　　　　图 3-132　删除画框的背景

Step06：将素材图片"油画"拖入画布中，然后双击图片置入图片素材，效果如图 3-133 所示。

Step07：按【Ctrl+T】组合键调出定界框，将鼠标指针移至定界框的角点处，按【Alt+Shift】组合键，将"油画"层缩小，使其产生嵌入画框的效果。按【Enter】键确认自由变换。

Step08：在"图层"面板中选中"油画"层，将其拖动至"画框"层之下，效果如图 3-134 所示。

图 3-133　拖入素材图片

图 3-134　调整图层顺序

3. 制作立体效果

Step01：选中"画框"层与"油画"层，按【Ctrl+T】组合键调出定界框。

Step02：在定界框上右击，在弹出的快捷菜单中选择"扭曲"命令，将光标放在定界框上方的右角点上，光标会变为▷状，单击并拖动鼠标左键可以扭曲对象，如图 3-135 所示。

Step03：将鼠标指针置于定界框下方的右角点上，待光标变为▷状时，单击并拖动鼠标左键再次扭曲对象，如图 3-136 所示。

图 3-135　扭曲变换

Step04：按【Enter】键，确认"扭曲"操作。

Step05：选择"多边形套索工具"，在其选项栏中设置"羽化"为 5 像素，在画布中绘制一个不规则选区，如图 3-137 所示。

图 3-136　扭曲变换

图 3-137　绘制不规则选区

Step06：选中"衬布"层，按【Ctrl+Shift+Alt+N】组合键，在"衬布"层之上新建"图层 1"。将前景色设置为黑色，按【Alt+Delete】组合键，将选区填充为黑色，接着按【Ctrl+D】组合键取消选区，可得到画框的"阴影"，效果如图 3-138 所示。

Step07：选中"橡皮擦工具"，在其选项栏中设置"笔尖形状"为柔边圆、"笔刷大小"为 60、"硬度"为 0%、"不透明度"为 50%。使用"橡皮擦工具"在阴影上适当涂抹，使阴影更加自然，效果如图 3-139 所示。

图 3-138 绘制阴影　　　　　　　　　　　　　　图 3-139 调整阴影

动 手 实 践

学习完前面的内容，下面来动手实践一下吧：

请使用图 3-140 和图 3-141 所示素材，合成如图 3-142 所示图像效果。

图 3-140　鱼缸　　　　　　图 3-141　人物素材　　　　　　图 3-142　合成效果图

第④章　形状与路径

学习目标

- 掌握钢笔工具的使用，能够熟练运用钢笔工具绘制路径。
- 掌握形状工具的使用，能够绘制基本形状并进行填充和描边。
- 掌握形状的布尔运算，可以通过合减交叠绘制不同的矢量图形。
- 掌握 Photoshop 的辅助工具，学会运用标尺和创建参考线。

Photoshop 虽然是一款功能强大的位图绘制软件，但是同样具备绘制矢量图形的功能。在 Photoshop 中内置了各种各样的矢量图形绘制工具，如"椭圆工具""钢笔工具"等。本章将针对这些矢量图形绘制工具进行详细讲解。

4.1 【综合案例 8】促销图标

在 Photoshop CS6 中，使用"椭圆工具"和"多边形工具"，可以轻松绘制一些特殊形状的矢量图形。本节将使用"椭圆工具"和"多边形工具"绘制"促销图标"，其效果如图 4-1 所示。通过本案例的学习，读者能够掌握"椭圆工具"和"多边形工具"的基本应用。

图 4-1　促销图标

4.1.1 知识储备

1. 椭圆工具的基本操作

"椭圆工具" ⬤作为形状工具组的基础工具之一，常用来绘制正圆或椭圆。右击"矩形工具" ▬，会弹出形状工具组，选择"椭圆工具"，如图 4-2 所示。

选中"椭圆工具"后，按住鼠标左键在画布中拖动，即可创建一个椭圆，如图 4-3 所示。使用"椭圆工具"创建图形时，有一些实用的小技巧，具体说明如下。

- 按住【Shift】键的同时拖动，可创建一个正圆。
- 按住【Alt】键的同时拖动，可创建一个以单击点为中心的椭圆。
- 按住【Alt+Shift】组合键的同时拖动，可以创建一个以单击点为中心的正圆。
- 使用【Shift+U】组合键可以快速切换形状工具组里的工具。
- 选中"椭圆工具"后，在画布中单击鼠标左键，会自动弹出 "创建椭圆"对话框，可自定义宽度值和高度值，如图 4-4 所示。

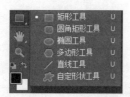

图 4-2 形状工具组   图 4-3 创建椭圆   图 4-4 "创建椭圆"对话框

2. 椭圆工具的选项栏

熟悉了"椭圆工具" ⬭ 的基本操作后，接下来看一下其选项栏，具体如图 4-5 所示。

图 4-5 "椭圆工具"选项栏

其中一些常用选项的讲解如下。

- 形状 ⬍ ：单击"形状"右侧的 ⬍ 按钮，会弹出一个下拉列表，包含形状、路径和像素 3 个选项，如图 4-6 所示。对于"路径"选项的用法，读者可参阅 4.2 节。
- 填充： ：单击该按钮，在弹出的下拉面板中，可以设置填充颜色，如图 4-7 所示。
- 描边： ：单击该按钮，在弹出的下拉面板中，可以设置描边颜色。
- 3点 ⬍ ：用于设置描边的宽度。
- ▬▬▬ ：单击该按钮，在弹出的下拉面板中可以设置描边、端点及角点的类型，如图 4-8 所示。
- W： ：用于设置椭圆的水平直径。
- 🔗 ：保持长宽比，单击此按钮，可按当前元素的比例进行缩放。
- H： ：用于设置椭圆的垂直直径。

图 4-6 下拉列表   图 4-7 填充颜色的设置   图 4-8 设置"描边选项"

3. 多边形工具的基本操作

在 Photoshop CS6 中，使用"多边形工具" ⬟ 可以快速创建一些特殊形状的矢量图形，例如等边三角形、五角星等。"多边形工具"默认的形状是正五边形，但是可以通过图 4-9 所示的"多边形"选项栏自定义多边形的边数。

图 4-9 "多边形"选项栏

当在"边"文本框中输入数值 3 时，按住鼠标左键在画布中拖动，可创建一个正三角形，如图 4-10 所示。

此外，使用"多边形工具"还可以绘制星形。单击多边形选项栏中的 ⚙ 按钮，会弹出如图 4-11 所示的下拉面板，勾选其中的"星形"复选框，按住鼠标左键在画布中拖动即可绘制星形，如图 4-12 所示。

在图 4-11 所示的下拉面板中，还可以勾选"平滑拐角"和"平滑缩进"两个复选框，效果分别如图 4-13 和图 4-14 所示。

图 4-10　正三角形　图 4-11　下拉面板　图 4-12　星形　图 4-13　平滑拐角星形　图 4-14　平滑缩进星形

4. 形状的布尔运算

同选区类似，形状之间也可以进行"布尔运算"。通过布尔运算，使新绘制的形状与现有形状之间进行相加、相减或相交，从而形成新的形状。单击形状工具组选项栏中的"路径操作"按钮 ▣，在弹出的下拉列表中选择相应的布尔运算方式即可，如图 4-15 所示。

通过图 4-15 容易看出，在"路径操作"的下拉列表中，从上到下依次为：新建图层、合并形状、减去顶层形状、与形状区域相交、排除重叠形状以及合并形状组件，对它们的具体讲解如下：

- 新建图层：该选项为所有形状工具的默认编辑状态。选择"新建图层"后，绘制形状时都会自动创建一个新图层。
- 合并形状：选择"合并形状"后，将要绘制的形状会自动合并至当前形状所在图层，并与其成为一个整体，如图 4-16 所示。
- 减去顶层形状：选择"减去顶层形状"后，将要绘制的形状会自动合并至当前形状所在图层，并减去后绘制的形状部分，如图 4-17 所示。
- 与形状区域相交：选择"与形状区域相交"后，将要绘制的形状会自动合并至当前形状所在图层，并保留形状重叠部分，如图 4-18 所示。

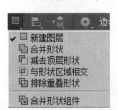   

图 4-15　路径操作下拉列表　图 4-16　合并形状　图 4-17　减去顶层形状　图 4-18　与形状区域相交

- 排除重叠形状：选择"排除重叠形状"后，将要绘制的形状会自动合并至当前形状所在图层，并减去形状重叠部分，如图 4-19 所示。
- 合并形状组件：用于合并进行布尔运算的图形，如图 4-20 所示。

使用钢笔工具，可以绘制直线路径和曲线路径，具体说明如下。

（1）绘制直线段

选择"钢笔工具"，在图像的绘制窗口内单击鼠标创建路径的第一个锚点，在该锚点附近再次单击创建锚点，就会形成一条直线路径，如图 4-114 所示。

另外，在绘制直线段时，按住【Shift】键不放，可绘制水平线段、垂直线段或 45 度倍数的斜线段。

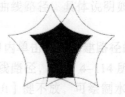

合并形状组件前　　　　　合并形状组件后

图 4-19　排除重叠形状　　　　　　　　　　　图 4-20　合并形状组件

多学一招：形状的羽化

通过前面的学习，我们知道对选区执行"选择→修改→羽化"命令，可以实现选区和选区周围的颜色的过渡。但是该怎样羽化形状呢？接下来，通过一个案例对形状的羽化进行讲解。

Step01：按【Ctrl+N】组合键，弹出"新建"对话框，设置"宽度"为 400 像素、"高度"为 400 像素、"分辨率"为 72 像素/英寸、"颜色模式"为 RGB 颜色、"背景内容"为白色，单击"确定"按钮，完成画布的创建。

Step02：按【Alt+Delete】组合键，为画布填充默认的黑色前景色。

Step03：选择"椭圆工具"，在画布中绘制一个椭圆，按【Ctrl+Delete】组合键为其填充默认的白色背景色，效果如图 4-21 所示。

Step04：打开"属性"面板，拖动"羽化"滑块，如图 4-22 所示。此时，画面效果如图 4-23 所示。

图 4-21　绘制椭圆　　　　　图 4-22　调整羽化参数　　　　　图 4-23　羽化效果

4.1.2　实现步骤

1. 绘制促销图标外框

Step01：按【Ctrl+N】组合键，弹出"新建"对话框，设置"宽度"为 400 像素、"高度"为 400 像素、"分辨率"为 72 像素/英寸、"颜色模式"为 RGB 颜色、"背景内容"为白色，单击"确定"按钮，完成画布的创建。

Step02：执行"文件→存储为"命令，在弹出的对话框中以名称"【综合案例 8】促销图标.psd"保存图像。

Step03：按【Alt+Delete】组合键，为画布填充默认的黑色前景色，如图 4-24 所示。

Step04：选择"椭圆工具" ，按住【Shift】键不放，在画布中拖动鼠标绘制一个正圆。按【Ctrl+Delete】组合键，为正圆填充白色背景色，得到"椭圆 1"图层，效果如图 4-25 所示。

Step05：选择工具箱中的"多边形工具"，在其选项栏将"边"设置为 3。然后按住鼠标左键不放，在画布中拖动，绘制一个三角形，得到"多边形 1"图层，效果如图 4-26 所示。

图 4-24　画布　　　　　图 4-25　"椭圆 1"图层　　　　图 4-26　绘制三角形

Step06：在"图层"面板中，选中"椭圆 1"图层和"多边形 1"图层，按【Ctrl+E】组合键，对它们进行合并，将合并后的图层命名为"气泡"，如图 4-27 所示。

Step07：选择"多边形工具"后，单击其选项栏中的"填充"按钮，在弹出的面板中单击"渐变"按钮，如图 4-28 所示。

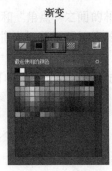

合并图层前　　　　　　合并图层后

图 4-27　合并图层　　　　　　　　　　图 4-28　选择渐变

Step08：双击渐变颜色轴中的"色标"，在弹出的"拾色器（色标）"对话框中，设置左边的色标为橙红色（RGB：215、47、0），右边的色标为橙黄色（RGB：255、101、0）。此时"气泡"将会填充为渐变颜色，效果如图 4-29 所示。

Step09：按【Ctrl+J】组合键，复制"气泡"图层，得到"气泡副本"图层，如图 4-30 所示。

Step10：单击选项栏中的"填充"按钮，更改渐变颜色轴中的"色标"颜色，将左边色标的颜色更改为深红色（RGB：175、27、0），右边色标的颜色更改为浅红色（RGB：234、75、0）。此时，效果如图 4-31 所示。

Step11：按【Ctrl+T】组合键调出定界框，按住【Alt+Shift】组合键不放，将"气泡副本"图层缩小，并按【Enter】键确认自由变换，效果如图 4-32 所示。

图 4-29　渐变填充效果　　图 4-30　复制图层　　图 4-31　设置渐变颜色　　图 4-32　自由变换

Step12：按【Ctrl+J】组合键，复制"气泡 副本"，得到"气泡 副本 2"，如图 4-33 所示。

Step13：再次单击选项栏中的"填充"按钮 填充：█，更改渐变颜色轴中的"色标"颜色，将左边色标的颜色更改为橙色（RGB：255、141、0），右边色标的颜色更改为黄色（RGB：255、209、0）。此时画面效果如图 4-34 所示。

Step14：按【Ctrl+T】组合键调出定界框，按住【Alt+Shift】组合键不放，将"气泡 副本 2"图层缩小，并按【Enter】键确认自由变换，效果如图 4-35 所示。

图 4-33　复制图层　　　　图 4-34　设置渐变颜色　　　　图 4-35　自由变换

2. **绘制促销图标边框和内容**

Step01：选择"椭圆工具" ◯，在画布中绘制如图 4-36 所示的正圆。

Step02：在形状选项栏中设置"填充类型"为无颜色，如图 4-37 所示。

Step03：单击形状选项栏中的"描边"按钮 描边：▨，在下拉面板中选择"纯色"填充，并设置填充颜色为白色，如图 4-38 所示。

 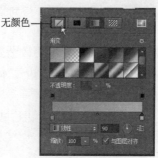 

无颜色

纯色

设置填充颜色

图 4-36　绘制正圆　　　　图 4-37　无颜色填充　　　　图 4-38　设置描边

Step04：设置"描边宽度"为 2 点、"描边类型"为虚线，如图 4-39 所示。此时，效果如图 4-40 所示。

Step05：打开素材图像"促销内容"，如图 4-41 所示。

Step06：将素材拖入"【综合案例 8】促销图标.psd"所在的画布中，使用"移动工具" ⊕将其移动至合适的位置，效果如图 4-42 所示。

图 4-39　设置描边类型　　　图 4-40　描边效果　　图 4-41　素材图像　　图 4-42　导入素材

4.2　【综合案例 9】绘制红酒瓶

通过上一节的学习，相信读者已经对"椭圆工具"以及"多边形工具"有了一定的认识。本节将综合前面所讲的知识，以及形状工具组中的其他工具绘制一个"红酒瓶"，其效果如图 4-43 所示。通过本案例的学习，读者能够掌握"矩形工具"及"圆角矩形工具"的基本应用。

4.2.1　知识储备

1. 直线工具

与"椭圆工具"⬭和"多边形工具"⬡类似，"直线工具"╱也是形状工具组的工具之一。右击"矩形工具"▭上，在弹出的工具组中选择"直线工具"，如图 4-44 所示。

图 4-43　红酒瓶

选择"直线工具"后，按住鼠标左键在画布中拖动，即可创建一条 1 像素粗细的直线。其选项栏如图 4-45 所示。

在"直线工具"的选项栏中，"粗细"选项 粗细：1像素 用于设置所绘制直线的粗细。值得注意的是，在实际操作中，必须先对"粗细"进行设置，再绘制直线，若先绘制直线，再想对其粗细进行修改需要改变直线的高度参数。此外，单击其中的 ⚙ 按钮，会弹出如图 4-46 所示的下拉菜单，可以为直线添加箭头。

图 4-44　选择"直线工具"

图 4-45　"直线工具"选项栏

图 4-46 所示的下拉面板用于为直线添加箭头，对其中各选项的
具体说明如下。

- **起点** **终点**：勾选"起点"或"终点"复选框，可在线段的"起点"或"终点"位置添加箭头。
- 宽度：用于设置箭头的宽度与直线宽度的百分比，范围为 10%～1000%

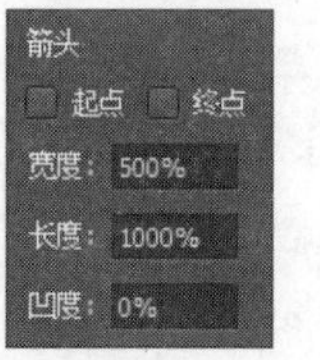

图 4-46　箭头下拉面板

- 长度：用来设置箭头的长度与直线宽度的百分比，范围为 10%～1000%
- 凹度：用来设置箭头的凹陷程度，范围为-50%～50%。该值为 0%时，箭头尾部平齐；大于 0%时，向内凹陷；小于 0%时，向外突出。

注意：按住【Shift】键不放，可沿水平、垂直或 45 度倍数方向绘制直线。

2. 圆角矩形工具

"圆角矩形工具" ▣ 常用来绘制具有圆滑拐角的矩形。在使用"圆角矩形工具"时，需要先在其选项栏中设置圆角的"半径"，如图 4-47 所示。

图 4-47　"圆角矩形"选项栏

在圆角矩形的选项栏中，"半径"用来控制圆角矩形圆角的平滑程度，半径越大越平滑，如图 4-48 所示；当半径为 0 像素时，创建的矩形为直角矩形，如图 4-49 所示。

图 4-48　30 像素半径的圆角矩形　　　图 4-49　0 像素半径的圆角矩形

3. 矩形工具

"矩形工具" ▣ 是形状工具组最基础的工具之一。使用"矩形工具"可以很方便地绘制矩形或正方形，其绘制技巧与矩形选框工具类似，具体说明如下。

- 按住【Shift】键的同时拖动鼠标，可创建一个正方形。
- 按住【Alt】键的同时拖动鼠标，可创建一个以单击点为中心的矩形。
- 按住【Shift+Alt】组合键的同时拖动鼠标，可以创建一个以单击点为中心的正方形。

4. 标尺

在 Photoshop 中，标尺属于辅助工具，不能直接编辑图像，但可以帮助用户更好地完成图像的选择、定位和编辑等操作。执行"视图→标尺"命令（或按【Ctrl+R】组合键），即可在画布中调出标尺，如图 4-50 所示。

在标尺上右击，在弹出的选项菜单中，可以对标尺的单位进行设置，以便更精确地编辑和处理图像，如图 4-51 所示。

图 4-50 显示标尺   图 4-51 设置标尺单位

5. 参考线

"参考线"也是 Photoshop 的辅助工具之一，通过参考线可以更精确地绘制和调整图层对象。参考线的创建方法有两种，具体说明如下。

（1）快速创建参考线

将鼠标的光标置于水平标尺上，如图 4-52 所示。

按住鼠标左键不放向下拖动，即可创建一条水平参考线。垂直参考线的创建方法和水平参考线类似，只是要将光标置于垂直标尺上。

（2）精确创建参考线

执行"视图→新建参考线"命令（或依次按【Alt】→【V】→【E】键），会弹出如图 4-53 所示的"新建参考线"对话框。

图 4-52 创建水平参考线   图 4-53 "新建参考线"对话框

其中，"取向"用于设置参考线的方向，"位置"用于确定参考线在画布中的精确位置。设定后单击"确定"按钮，即可在画布中建立一条参考线。

在运用参考线绘制调整图像时，有一些实用的小技巧，具体说明如下。

● 锁定和解除锁定参考线：执行"视图→锁定参考线"命令（或按【Ctrl+Alt+;】组合键）可锁定参考线；再次按【Ctrl+Alt+;】组合键可解除锁定。

● 清除参考线：执行"视图→清除参考线"命令可清除参考线。

● 显示和隐藏参考线：执行"视图→显示"命令，在弹出的子菜单中选择"参考线"命令（或按【Ctrl+;】组合键）可显示创建的参考线；再次按【Ctrl+;】组合键可隐藏参考线。

6. 路径和锚点

（1）路径

通过前面案例的学习，读者会发现，使用形状工具绘制的图形，边缘会有一圈明显的"细线"，如图 4-54 所示的正六边形。

这些绘制时产生的线段被称为"路径"。路径的绘制方法与矢量图形类似，选择某个形状工具，然后在其选项栏中单击"工具模式"按钮 形状，在弹出的下拉列表中选择"路径"选项。按住鼠标左键不放在窗口中拖动，即可绘制路径，如图 4-55 所示。

（2）锚点

讲到"路径"就不得不提"锚点"。所谓锚点，是指路径上用于标记关键位置的转换点。路径通常由一条或多条直线段或曲线段组成，线段的起始点和结束点由"锚点"标记，如图 4-56 所示。

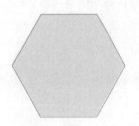

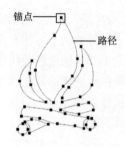

图 4-54　正六边形　　　　图 4-55　绘制路径　　　　图 4-56　路径和锚点

选择"路径选择工具" ，在绘制的路径上单击，即可显示该路径以及路径上的所有锚点。

注意：路径可以是闭合的，也可以是开放的。

7. 调整路径

当绘制的路径或形状不符合需求时，可以使用"直接选择工具" 对路径进行调整。右击鼠标定位在"路径选择工具" 上，在弹出的工具组中选择"直接选择工具"，如图 4-57 所示。

使用"直接选择工具"单击一个锚点，即可选中该锚点。被选中的锚点为实心方块，未选中的锚点为空心方块，如图 4-58 所示。

用鼠标拖动已选中的锚点或使用【→】、【←】、【↑】、【↓】方向键可以移动锚点，从而调整相应的路径，如图 4-59 所示。

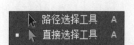

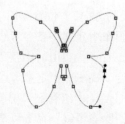

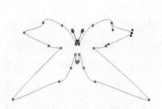

图 4-57　选择"直接选择工具"　　图 4-58　选择锚点　　图 4-59　调整路径

8. 模糊工具

"模糊工具"可以对图像进行适当的修饰，产生模糊的效果，使主体更加突出。选择"模糊工具"，待鼠标变成○状，按住鼠标左键反复涂抹，即可对图层对象进行模糊处理，如图4-60所示。

（a）模糊处理前　　　　（b）模糊处理后

图 4-60　模糊工具

选择"模糊工具"后，可以在其选项栏设置笔触形状和强度，如图4-61所示。

图 4-61　"模糊工具"选项栏

其中"设置笔触"用于选择笔尖的形状，"强度"用于控制压力的大小，具体说明如下。

- 设置笔触：用于选择画笔的形状。单击 按钮，在弹出的下拉面板中可以选择笔触的形状。
- 设置强度：用于设定压力的大小，压力越大，模糊程度越明显。

9. 减淡工具

使用"减淡工具"，可以加亮图像的局部区域，通过提高图像选区的亮度来校正曝光。因此"减淡工具"常被用来修饰照片。选择"减淡工具"（或按【O】键），待鼠标指针变为○状时在图层对象上涂抹，即可减淡图层对象的颜色，如图4-62所示的魔法塔点亮效果。

图 4-62　减淡工具的使用

值得注意的是，可以通过设置"减淡工具"选项栏中的"曝光度"来调整"减淡工具"的效果，如图4-63所示。

图 4-63　"减淡工具"选项栏

在图4-63中，可以通过调整百分比数值来决定"减淡工具"的曝光度效果，该数值越高，效果越明显。

10. 加深工具

"加深工具"  和 "减淡工具"  恰恰相反，可以变暗图像的局部区域。右击 "减淡工具"，在弹出的选项组中选择 "加深工具"，如图 4-64 所示。

图 4-64　减淡工具组

选择 "加深工具" 后，在图像上反复涂抹，即可变暗涂抹的区域，如图 4-65 所示。

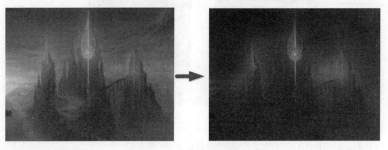

图 4-65　加深工具的使用

同 "减淡工具" 一样，通过指定 "加深工具" 选项栏中的 "曝光度"，也可以设置加深的效果，数值越大效果越明显。

11. 吸管工具

在图像处理的过程中，经常需要从图像中获取某处的颜色，这时就需要用到 "吸管工具" 。选择 "吸管工具"（或按【I】键），如图 4-66 所示。将鼠标移动至文档窗口，当光标呈 形状时在取样点单击，工具箱中的前景色就会替换为取样点的颜色，如图 4-67 所示。

图 4-66　选择 "吸管工具"　　　　　　　　图 4-67　吸取前景色

值得注意的是，使用 "吸管工具" 时，按住【Alt】键单击，可以将单击处的颜色拾取为背景色。

4.2.2　实现步骤

1. 绘制瓶身与瓶颈

Step01：按【Ctrl+N】组合键，弹出 "新建" 对话框，设置 "宽度" 为 800 像素、"高度" 为 1000 像素、"分辨率" 为 72 像素/英寸、"颜色模式" 为 RGB 颜色、"背景内容" 为白色，单击"确定"按钮，完成画布的创建。

Step02：执行"文件→存储为"命令，在弹出的对话框中以名称"【综合案例 9】红酒瓶.psd"保存图像。

Step03：在"视图"下拉菜单中选择"标尺"选项，调出标尺（或按【Ctrl+R】组合键）。

Step04：依次按【Alt】→【V】→【E】键弹出"新建参考线"对话框，在对话框中单击"垂直"单选框，在"位置"处输入数值，如图 4-68 所示，单击"确定"按钮创建垂直参考线。

Step05：按照 Step04 的方法，在画布的 500 像素处创建水平参考线，效果如图 4-69 所示。

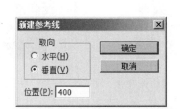

图 4-68　"新建参考线"对话框　　　　　图 4-69　创建参考线

Step06：将前景色设置为深灰色（RGB：21、17、23），选择"圆角矩形工具" ，在其选项栏设置半径为 180 像素，在画布中绘制一个宽度为 230 像素、高度为 730 像素的圆角矩形，如图 4-70 所示。

Step07：选择"直接选择工具" ，在瓶身底部选中锚点，按住【Shift】键的同时多次按【↑】键，将锚点向上移动，效果如图 4-71 所示。

Step08：选择"圆角矩形工具" ，在其选项栏设置半径为 20 像素，在画布中绘制一个宽度为 88 像素、高度为 250 像素的圆角矩形，得到"圆角矩形 2"，如图 4-72 所示。

图 4-70　绘制瓶身　　　　图 4-71　移动锚点　　　　图 4-72　绘制瓶颈

2. 绘制高光与反光

Step01：按【Ctrl+;】组合键隐藏参考线。选择"矩形工具" 后，单击其选项栏中的"填充"按钮，在弹出的下拉面板中单击"渐变"按钮，在渐变条上添加渐变且设置颜色，颜色色值如图 4-73 所示。

Step02：在画布中绘制一个宽度为 90 像素、高度为 120 像素的矩形，如图 4-74 所示。

Step03：按照 Step02 的方法再绘制一个宽度为 96 像素、高度为 32 像素的矩形，如图 4-75 所示。

Step04：按【Ctrl+Shift+Alt+N】组合键新建图层，得到"图层 1"。选择"多边形套索工具" ，绘制出如图 4-76 所示的选区

RGB：156、145、128
RGB：104、98、87
RGB：126、117、105

RGB：66、58、60

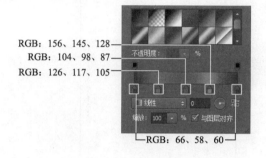

图 4-73　渐变参数　　　　　图 4-74　绘制矩形　　图 4-75　绘制矩形 2

Step05：选择"渐变工具" ，在渐变编辑器中设置渐变参数，如图 4-77 所示，在选区内绘制渐变，按【Ctrl+D】组合键取消选区，其效果如图 4-78 所示。

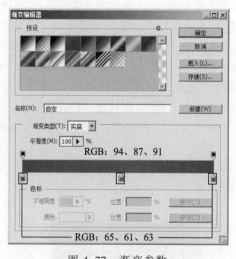

RGB：94、87、91

RGB：65、61、63

图 4-76　绘制选区　　　　　图 4-77　渐变参数　　　　　图 4-78　绘制渐变

Step06：使用"加深工具" 将不合适的白色区域处进行涂抹，再利用"减淡工具" 在反光条上进行涂抹，前后对比如图 4-79 和图 4-80 所示。

Step07：按【Ctrl+Shift+Alt+N】组合键新建图层，选择"多边形选区工具" 绘制选区如图 4-81 所示。

图 4-79　调整前

图 4-80　调整后

图 4-81　绘制选区

Step08：选择"渐变工具"，在渐变编辑器中设置渐变的相关参数，如图 4-82 所示。在画布中绘制渐变，并将其不透明度设置为 60%，得到效果图如图 4-83 所示。

Step09：按照 Step04 和 Step05 的方法新建图层（得到"图层 3"）并绘制选区，如图 4-84 所示，将选区填充渐变颜色，参数设置如图 4-85 所示，其效果如图 4-86 所示。

图 4-82　渐变参数

图 4-83　效果图

图 4-84　绘制选区

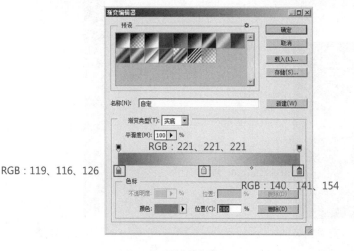
图 4-85　渐变参数

图 4-86　填充渐变

Step10：选中瓶身所在图层，按【Ctrl+J】组合键复制该图层，选择"圆角矩形工具"

，在其选项栏单击"路径操作"按钮■，在下拉列表中选择"减去顶层形状"选项。

Step11：在画布中绘制圆角矩形，如图 4-87 所示。留下红框标示的区域，再次单击"路径操作"按钮■，在下拉列表中选择"合并形状"选项，合并路径。

Step12：在圆角矩形的选项栏中单击 "填充"按钮 填充：■ ，在弹出的下拉面板中单击"渐变"按钮，在渐变条上设置颜色，颜色色值如图 4-88 所示，设置渐变后的效果如图 4-89 所示。

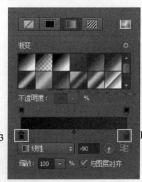
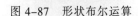

RGB: 21、17、23   RGB: 49、42、30

图 4-87　形状布尔运算　　　　图 4-88　设置渐变颜色 1　　　　图 4-89　渐变效果图 1

Step13：按照 Step10~Step12 的方法绘制瓶身左侧的反光，其渐变颜色色值如图 4-90 所示，设置渐变后的效果如图 4-91 所示。

RGB: 21、17、23   RGB: 36、30、39

图 4-90　设置渐变颜色 2　　　　　　图 4-91　渐变效果图 2

Step14：选中"图层 1"，按【Ctrl+J】组合键复制图层，得到"图层 1 副本"，按【Ctrl+T】组合键调出定界框，将其缩小移动至合适位置，效果如图 4-92 所示。

Step15：按照 Step14 的方法将"图层 3"进行复制、缩小并移动至合适位置，效果如图 4-93 所示。

Step16：按【Ctrl+Shift+Alt+N】组合键新建图层，使用"椭圆选框工具" ◯在瓶口处绘制一个椭圆形，如图 4-94 所示。将其填充为白色，按【Ctrl+D】组合键取消选区，效果如图 4-95 所示。

图 4-92　绘制瓶颈反光　　　图 4-93　绘制瓶颈高光　　　图 4-94　绘制选区

Step17：按【Ctrl+Shift+Alt+N】组合键新建图层，使用"椭圆选框工具" ◯在瓶口高光左侧绘制一个椭圆形，如图 4-96 所示。

Step18：使用"吸管工具" ✐在瓶嘴的下方单击鼠标左键吸取颜色为前景色，按【Alt+Delete】填充椭圆选框，按【Ctrl+D】组合键取消选区，效果如图 4-97 所示。

图 4-95　填充颜色　　　　　图 4-96　绘制选区　　　　　图 4-97　填充颜色

3. 添加贴纸

Step01：将素材图像"红酒标签"（见图 4-98）拖入画布中，调整大小及位置，按【Enter】键确认置入，如图 4-99 所示。

Step02：按【Ctrl+T】组合键调出定界框，右击，在弹出的菜单中选择"变形"选项，拖动手柄，如图 4-100 所示。按【Enter】键确定变形，效果如图 4-101 所示。

图 4-98　红酒标签　　　图 4-99　置入素材　　　图 4-100　变形　　　图 4-101　变形后效果

Step03：按住【Ctrl】键，在素材图片所在图层的缩略图上左击，载入选区，如图 4-102 所示。

Step04：按【Ctrl+Shift+Alt+N】组合键新建图层，得到"图层 6"，选择"渐变工具" ，在选项栏中单击"对称渐变"按钮 ，弹出"渐变编辑器"对话框，在对话框中添加渐变并设置渐变颜色，具体设置如图 4-103 所示。

Step05：在画布中绘制渐变，得到效果如图 4-104 所示。按【Ctrl+D】组合键取消选区，并将"图层 6"的不透明度设置为 50%。最终效果如图 4-105 所示。

图 4-102　载入选区　　　图 4-103　设置渐变参数　　　图 4-104　绘制渐变　图 4-105　调整不透明度

4. 制作投影

Step01：按【Ctrl+Shift+Alt+N】组合键新建图层，得到"图层 7"，按【Ctrl+Shift+[】组合键将其放置在最底层。

Step02：选择"椭圆选框工具" ，在其选项栏中设置羽化为 0 像素，在瓶身底部绘制选区，如图 4-106 所示，并将其填充为深灰色（RGB：21、17、23），按【Ctrl+D】组合键取消选区，效果如图 4-107 所示。

Step03：按【Ctrl+T】组合键弹出定界框，将选区形状及位置调整至如图 4-108 所示的位置。

图 4-106　绘制选区　　　　　图 4-107　填充颜色　　　　　图 4-108　调整不透明度

Step04：按【Ctrl+J】组合键复制"图层 7"，得到"图层 7 副本"，将"图层 7"的不透明度设置为 50%。

Step05：选中"图层 7 副本"，选择"橡皮擦工具" ，在其选项栏中设置画笔大小为 40、画笔硬度为 0%，在阴影部位适当涂抹，效果如图 4-109 所示。

Step06：选择"模糊工具" ，在其选项栏设置画笔大小为 30、画笔硬度为 0%，在阴影边缘进行涂抹，涂抹后的效果如图 4-110 所示。

图 4-109　擦除后效果图　　　　　　　　图 4-110　模糊投影

Step07：至此，红酒瓶制作完成，按【Ctrl+S】组合键再次进行保存。

4.3　【综合案例 10】商业 Banner

"钢笔工具"是 Photoshop 中最强大的绘图工具，主要用于绘制矢量图形和抠取图像。本节将运用"钢笔工具"将素材抠取出来，制作一个女鞋的 Banner，其效果如图 4-111 所示。通过本案例的学习，读者能够掌握"钢笔工具"的基本应用。

图 4-111　女鞋 Banner

4.3.1　知识储备

1. 钢笔工具

"钢笔工具" 用于绘制自定义的形状或路径。选择"钢笔工具"，在其选项栏中设置相应的工具模式，即可在画布中绘制形状或路径，如图 4-112 和图 4-113 所示。

图 4-112　绘制形状　　　　　　　　图 4-113　绘制路径

使用钢笔工具，可以绘制直线路径和曲线路径，具体说明如下。

（1）绘制直线路径

选择"钢笔工具"，在图像的绘制窗口内单击，可创建路径的第一个锚点。在该锚点附近再次单击，两个锚点之间即会形成一条直线路径，如图 4-114 所示。

另外，在绘制直线路径时，按住【Shift】键不放，可绘制水平线段、垂直线段或 45 度倍数的斜线段。

（2）绘制曲线路径

使用"钢笔工具"绘制曲线路径时，可以通过单击并拖动鼠标的方法直接创建曲线。选择"钢笔工具"，创建路径的第一个锚点。在该锚点附近再次单击并拖动鼠标创建一个"平滑点"，两个锚点之间会形成一条曲线路径，如图 4-115 所示。

使用"钢笔工具"绘制曲线路径时，按住【Ctrl】键不放，会将"钢笔工具"暂时变为"直接选择工具" ，可以调整曲线路径的弧度，如图 4-116 所示。

按住【Alt】键不放，会暂时将"钢笔工具"转换为"转换点工具"。这时单击"平滑点"可将其转换为"角点"，如图 4-117 所示。

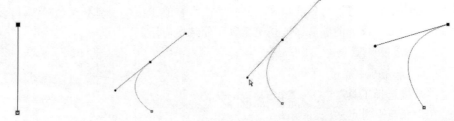

图 4-114　绘制直线路径　　图 4-115　绘制曲线路径　　图 4-116　调整曲线弧度　　图 4-117　锚点转换

2. 自由钢笔工具

"自由钢笔工具" 有自动添加锚点的功能。因此用户只需在绘制完成后，进一步对路径进行调整即可，不需要考虑锚点的位置。右击"钢笔工具" ，在弹出的工具组中选择"自由钢笔工具"，如图 4-118 所示。

选择"自由钢笔工具"，按住鼠标左键不放在画布中拖动，即可绘制路径，如图 4-119 所示。

图 4-118　钢笔工具组

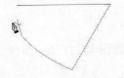

图 4-119　自由钢笔工具

3. 添加锚点工具和删除锚点工具

在图形制作中，如果绘制的路径存在误差，就需要对其进行修改和调整，这时就会用到 Photoshop 中的添加锚点工具和删除锚点工具。

（1）添加锚点工具

使用"添加锚点工具" 可以在路径中添加锚点。将"钢笔工具"移动到已创建的路径上，若当前没有锚点，则"钢笔工具" 会临时转换为"添加锚点工具"，使用该工具在路径上单击即可添加一个锚点，如图 4-120 所示。

此外还可以在钢笔工具组中选择"添加锚点工具"。右击"钢笔工具"，在弹出的工具组中选择"添加锚点工具"，如图 4-121 所示。

（2）删除锚点工具

"删除锚点工具" 用于删除路径上已经存在的锚点。将"钢笔工具"放在路径的锚点上，则"钢笔工具"会临时转换为"删除锚点工具"，单击锚点将其删除，效果如图 4-122 所示。

此外还可以在钢笔工具组中选择"删除锚点工具"。右击"钢笔工具"，在弹出的工具组中选择"删除锚点工具"，如图 4-123 所示。

 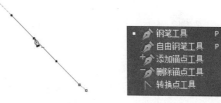

图 4-120　添加锚点　　　图 4-121　选择"添加　　　图 4-122　删除锚点　　　图 4-123　选择"删除
　　　　　　　　　　　　　　锚点工具"　　　　　　　　　　　　　　　　　　　　　锚点工具"

4. 转换点工具

在 Photoshop CS6 中通过"转换点工具" 可以实现"平滑点"和"角点"之间的相互转换。通过"直接选择工具" 选择路径，然后选择"转换点工具"，将光标移至要转换的锚点上，即可在角点与平滑点之间进行转换。

- 将"平滑点"转换为"角点"：直接在"平滑点"上单击，即可将"平滑点"转换成"角点"，如图 4-124 所示。

图 4-124　平滑点转换为角点

- 将"角点"转换为"平滑点"：按住鼠标左键不放，拖动鼠标，即可将"角点"转换为"平滑点"，如图 4-125 所示。

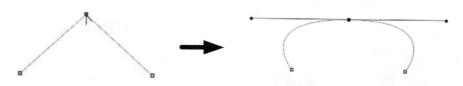

图 4-125　角点转换为平滑点

- 在使用"钢笔工具"时，按住【Alt】键不放，可将"钢笔工具"临时转换为"转换点工具"。

多学一招：预知路径走向

单击"钢笔工具"的选项栏中的 ⚙ 按钮，在下拉面板中勾选"橡皮带"选项，在绘制路径时就可以提前看到路径的走向，如图 4-126 所示。

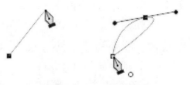

图 4-126　预知路径走向

4.3.2　实现步骤

1. 绘制 Banner 背景

Step01：按【Ctrl+N】组合键，弹出"新建"对话框，设置"宽度"为 700 像素、"高度"为 300 像素、"分辨率"为 72 像素/英寸、"颜色模式"为 RGB 颜色、"背景内容"为白色，单击"确定"按钮，完成画布的创建。

Step02：执行"文件→存储为"命令，在弹出的对话框中以名称"【综合案例 10】商业 banner.psd"保存图像。

Step03：设置前景色为粉色（RGB：253、219、255），选择"渐变工具" ▭，为背景填充白色到粉色的径向渐变，效果如图 4-127 所示。

Step04：选择"钢笔工具" ✒，在其选项栏中设置"工具模式"为形状，在画布中绘制如图 4-128 所示的三角形，并为其填充紫色（RGB：191、2、135）。

图 4-127　径向渐变

图 4-128　使用"钢笔工具"绘制形状

2. 调整素材

Step01：打开素材图片"鞋子"，如图 4-129 所示。

Step02：设置"钢笔工具"选项栏中的"工具模式"为路径。选择 "缩放工具" 🔍，放大图像的显示比例（300%～400%），如图 4-130 所示。

Step03：选择"钢笔工具" ✒，将鼠标指针移至图像边沿区域，定位路径的起始锚点，如图 4-131 所示。

Step04：在第一个锚点附近单击，同时按住鼠标左键不放并拖动， 建立一个"平滑点"，两个锚点之间会形成一条曲线路径，如图 4-132 所示。

图 4-129　素材图片

图 4-130　放大图像

图 4-131　起始锚点

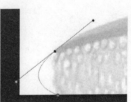

图 4-132　建立平滑点

Step05：选择"直接选择工具" （或按住【Ctrl】键），调整"平滑点"的方向线，使路径紧贴鞋子的边缘，如图 4-133 所示。

Step06：按住【Alt】键的同时，单击新建的"平滑点"，将其转换为"角点"，如图 4-134 所示。

Step07：按照上述创建和调整锚点的方法，沿鞋子的轮廓绘制路径。绘制完成效果如图 4-135 所示。

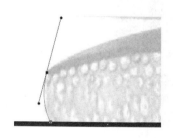
图 4-133 调整平滑点

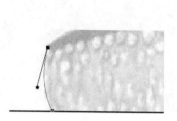
图 4-134 平滑点的转换

图 4-135 绘制路径

Step08：选择"路径"面板，如图 4-136 所示。单击 按钮，在弹出的面板菜单中选择"建立选区"命令，弹出如图 4-137 所示的"建立选区"对话框，设置"羽化半径"为 2 像素，单击"确定"按钮（或按【Ctrl+Enter】组合键）将路径直接转换为选区，然后再羽化选区）。

Step09：选择"移动工具" ，将选区中的图像移动至 banner 文件中，将得到的图层命名为"鞋子"，并转换为智能对象，如图 4-138 所示。

Step10：按【Ctrl+T】组合键调出定界框，调整图像至合适大小，如图 4-139 所示。按【Enter】键确认自由变换。

图 4-136 "路径"面板

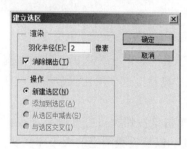
图 4-137 "建立选区"对话框

图 4-138 转换为智能对象

Step11：执行"文件→打开"命令，导入广告文案素材，放置在如图 4-140 所示的位置。

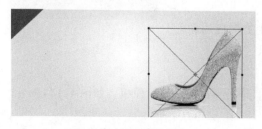
图 4-139 调整图像大小

图 4-140 导入广告文案素材

4.4 【综合案例 11】跑车桌面

在 Photoshop 中，"画笔工具"和传统的手绘画笔类似，但比传统画笔功能更强大，操作更灵活。本节将综合运用前面所学的知识以及"画笔工具"制作一张精美跑车桌面，其效果如图 4-141 所示。通过本案例的学习，读者能够掌握"画笔工具"的基本应用。

图 4-141　跑车桌面效果图

4.4.1　知识储备

1.　画笔工具

在 Photoshop 中，使用"画笔工具"  可以快速绘制带有艺术效果的笔触图像。选择"画笔工具"，在图 4-142 所示的"画笔工具"选项栏中设置相关的参数，即可进行绘图操作。

"画笔预设"选取器　　　　　　　　　不透明度　　　　流量

图 4-142　"画笔工具"选项栏

图 4-142 中展示了"画笔工具"栏的相关选项，其中"画笔预设"选取器、"不透明度"、"流量"这 3 项比较常用，对它们的具体介绍如下：

- "画笔预设"选取器：单击该按钮，可打开画笔下拉面板，在面板中可选择笔尖，以及设置画笔的大小和硬度，如图 4-143 所示。
- 不透明度：用来设置画笔的不透明度，该值越低，画笔的透明度越高。
- 流量：用于设置当光标移动到某个区域上方时应用颜色的速率。流量越大，应用颜色的速率越快。

图 4-143　"画笔预设"面板

2.　"画笔"面板

执行"窗口→画笔"命令（或按【F5】键），即可调出"画笔"面板，如图 4-144 所示。其中，主要选项的解释如下。

- 画笔笔触显示框：用于显示当前已选择的画笔笔触，或设置新的画笔笔触。

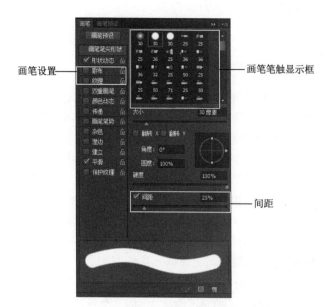

图 4-144　"画笔"面板

- 间距：用于调整画笔笔触之间的距离。间距越大，画笔笔触间的距离越疏松。
- 形状动态：选择形状动态可以调整画笔的形态，如大小抖动、角度抖动等。当选择形状动态时，"画笔"面板会自动切换到形状动态选项栏，如图 4-145 所示。
- 散布：选择散布，可以调整画笔的分布和位置，当选择散布时，"画笔"面板会自动切换到"散布"选项栏，如图 4-146 所示。

需要注意的是，在"散布"选项栏中，通过拖动如图 4-147 所示的散布滑块，可以调整画笔分布密度，值越大，散布越稀疏。

图 4-145　"形状动态"选项栏

图 4-146　"散布"选项栏

图 4-147　设置随机性散布

当勾选"两轴"复选框时，画笔的笔触范围将被缩小。

4.4.2 实现步骤

1. 绘制跑车桌面背景

Step01：按【Ctrl+N】组合键，弹出"新建"对话框。设置"宽度"为 1280 像素、"高度"为 800 像素、"分辨率"为 72 像素/英寸、"颜色模式"为 RGB 颜色、"背景内容"为白色，单击"确定"按钮，完成画布的创建。

Step02：执行"文件→存储为"命令，在弹出的对话框中以名称"【综合案例 11】跑车桌面.psd"保存图像。

Step03：按【Alt+Delete】组合键将画布填充为黑色。

Step04：按【Shift+Ctrl+Alt+N】组合键新建"图层 1"，选择"渐变工具" ，为"图层 1"填充红色（RGB：190、0、0）到透明的径向渐变，如图 4-148 所示。

Step05：按【Ctrl+T】组合键调出定界框，调整"图层 1"的大小，并使用"移动工具" 将其移动至合适的位置，如图 4-149 所示。按【Enter】键确认自由变换。

Step06：在"图层"面板中，调整"图层 1"的"不透明度"为 70%，效果如图 4-150 所示。

图 4-148　径向渐变填充　　　　图 4-149　自由变换图层对象　　　图 4-150　调整图层不透明度

Step07：按【Shift+Ctrl+Alt+N】组合键新建"图层 2"，为其填充红色（RGB：190、0、0）到透明的径向渐变，效果如图 4-151 所示。

Step08：按【Ctrl+T】组合键调出定界框，右击，在弹出的对话框中选择"透视"命令，然后拖动定界框角点，进行透视变换，如图 4-152 所示。

Step09：再次右击，在弹出的快捷菜单中选择"缩放"命令，纵向拉伸图层对象。按【Enter】键确认自由变换，效果如图 4-153 所示。

图 4-151　径向渐变填充　　　　　　图 4-152　透视　　　　　　　图 4-153　缩放

Step10：连续按【Ctrl+J】组合键 3 次，得到 3 个"图层 2"的副本图层，如图 4-154 所示。

Step11：运用"自由变换"和"移动工具"  将绘制的图层对象旋转并移动至合适位置，效果如图 4-155 所示。

图 4-154　复制图层

图 4-155　移动和调整图层对象

Step12：按【Shift+Ctrl+Alt+N】组合键新建"图层 3"，选择工具箱中的"画笔工具" ，在其选项栏上单击"切换画笔面板"按钮 （或按【F5】键），会弹出如图 4-156 所示的"画笔"面板，设置"间距"为 128%。

Step13：选择"画笔"面板中的"形状动态"选项，设置"大小抖动"为 100%，如图 4-157 所示。

图 4-156　"画笔"面板

图 4-157　形状动态效果

Step14：选择"画笔"面板中的"散布"选项，勾选"两轴"复选框，将其后面的参数设置为 470%、"数量"为 2、"数量抖动"为 0。

Step15：使用"画笔工具" ，按住鼠标左键不放，在画布中拖动，绘制如图 4-158 所示的效果。

Step16：按【Ctrl+J】组合键，复制"图层 3"得到"图层 3 副本"。按【Ctrl+T】组合键，调出定界框，旋转"图层 3 副本"至合适位置，按【Enter】键确认自由变换。调整"图层 3"的"不透明度"为 50%、"图层 3 副本"的"不透明度"为 35%，如图 4-159 所示。

图 4-158 使用画笔工具绘制　　　　　　　　　图 4-159 调整图像

Step17：选中背景部分的所有图层，按【Ctrl+G】组合键对图层对象进行编组，命名为"背景图层组"。

2. 调入跑车素材

Step01：打开素材图片"跑车"，如图 4-160 所示。

Step02：选择"钢笔工具" ，沿着跑车的轮廓绘制路径。然后，按【Ctrl+Enter】组合键将路径直接转换为选区，如图 4-161 所示。

Step03：选择"移动工具" ，将跑车拖动到绘制的背景中，如图 4-162 所示。

图 4-160 素材图片　　　图 4-161 绘制路径并转换为选区　　　图 4-162 导入素材

Step04：按【Ctrl+J】组合键，复制"跑车素材"得到"跑车素材 副本"图层。按【Ctrl+T】组合键，调出定界框，右击，在弹出的快捷菜单中，选择"垂直翻转"命令，按【Enter】键确认自由变换。选择"移动工具" ，将复制的跑车素材移动至合适位置，如图 4-163 所示。

Step05：选择"矩形选框"工具 ，设置"羽化"为 20 像素，在画布中绘制一个矩形选区，如图 4-164 所示。

Step06：按【Delete】键，删除选区中的内容。在"图层"面板中，设置"汽车素材 副本"图层的"不透明度"为 50%，按【Ctrl+D】组合键取消选区，如图 4-165 所示。

图 4-163 复制和垂直翻转图层　　　图 4-164 矩形选区　　　图 4-165 更改图层的不透明度

Step07：设置前景色为黑色。选择"钢笔工具" ，在其选项栏中设置"工具模式"

为形状，在画布中绘制如图 4-166 所示的形状，得到"形状 1"图层，作为跑车的阴影，在其"属性"面板中设置"羽化"为 5 像素。

Step08：按【Ctrl+[】组合键，将"形状 1"图层调整到"汽车素材"图层的下面，如图 4-167 所示。

（a）调整图层顺序前　　　　（b）调整图层顺序后

图 4-166　绘制形状　　　　　　图 4-167　调整图层顺序

3. 添加火焰效果

Step01：打开素材图片"火焰"，如图 4-168 所示。

Step02：选择"移动工具" 将"火焰"素材拖动到"跑车桌面"文件中，如图 4-169 所示。

图 4-168　素材图片　　　　　　图 4-169　导入火焰素材

Step03：按【Ctrl+T】组合键，调出定界框，运用"变形"命令，调整图层对象至合适的样式，按【Enter】键，确认自由变换，效果如图 4-170 所示。

Step04：按【Ctrl+[】组合键，将"火焰素材"图层，调整到汽车素材图层的下面。使用"橡皮擦工具" 进行涂抹至图 4-171 所示效果。

图 4-170　自由变换　　　　　　图 4-171　橡皮擦工具运用后效果

Step05：选择"移动工具" ，再次将打开的"火焰素材"拖动到"跑车桌面"文件中，如图 4-172 所示。

Step06：运用"自由变换"命令和"橡皮擦工具"调整"火焰素材"的状态，效果如图 4-173 所示。

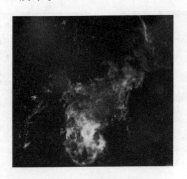

图 4-172　再次调入火焰素材

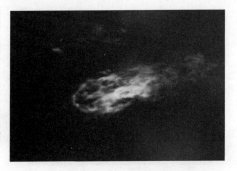

图 4-173　自由变换火焰

Step07：选择"移动工具" ，将火焰移动至汽车前轮位置，如图 4-174 所示。

Step08：按【Ctrl+J】组合键，复制汽车前轮的火焰素材，并使用"移动工具" 移至汽车后轮处，如图 4-175 所示。

图 4-174　移动火焰图层

图 4-175　复制并移动火焰

Step09：按【Shift+Ctrl+Alt+N】组合键新建"图层 4"，设置前景色为橙黄色（RGB：204、131、31），选择"画笔工具" ，单击选项栏中的 "画笔预设"按钮，在弹出的面板中选择"硬边圆"画笔，如图 4-176 所示。

Step10：选择"画笔工具" 在画布中绘制如图 4-177 所示的样式。

Step11：按【Ctrl+T】组合键，调出定界框，横向拉伸定界框至图 4-178 所示效果，按【Enter】键确认自由变换。

硬边圆 —

图 4-176　画笔预设

图 4-177　绘制图案

图 4-178　自由变换

Step12：选择"移动工具" ，将"图层 4"移至合适位置，并将其排列顺序调整至"汽车素材图层"下面，效果如图 4-179 所示。

图 4-179　调整图层顺序

动 手 实 践

学习完前面的内容，下面来动手实践一下吧：

请使用本章所学工具绘制如图 4-180 所示的任一图形。

图 4-180　水果图形

第 5 章　图层样式与文字工具

学习目标

- 掌握图层样式的应用方法，会用常用的图层样式编辑效果。
- 掌握文字工具的基本操作，会对文字属性进行基本设置。
- 掌握路径文字的创建方法，会编辑路径文字并能修改方向。

通过前面几章的学习，相信读者已经能够使用选区和路径工具绘制简易的图形。但在实际的设计与操作中，往往需要对绘制的图形增加非常自然的立体效果，或使用文字来表达主题。本章将通过 3 个实用的案例对"图层样式"和"文字工具"进行详细的讲解。

5.1　【综合案例 12】绘制金属质感图标

"图层样式"是制作图形效果的重要手段之一，它能够通过简单的操作，迅速将平面图形转化为具有材质和光影效果的立体图形。本节将通过使用路径工具绘制一款金属质感图标，并应用"图层样式"来打造立体、质感效果，其效果如图 5-1 所示。通过本案例的学习，读者能够掌握常见"图层样式"的基本应用。

图 5-1　金属质感图标

5.1.1　知识储备

1. 添加图层样式

为图层中的图形添加合适的图层样式，有助于增强图形的表现力。如果要为图形添加"图层样式"，需要先选中这个图层，然后单击"图层"面板下方的"添加图层样式"按钮 ，如图 5-2 所示。在弹出的菜单中，选择一个效果命令，如图 5-3 所示。

图 5-2　添加图层样式

图 5-3　选择一个效果命令

此时，将弹出"图层样式"对话框。对话框分为 3 个部分：左侧为"样式"选择区域；中间为相应"样式"的参数设置区域；右侧为"样式"预览及确定区域，如图 5-4 所示。

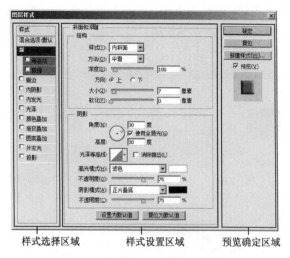

样式选择区域　　　　　样式设置区域　　　　预览确定区域

图 5-4　"图层样式"对话框

选择左侧"样式"列表框内的"渐变叠加"复选框，切换至"渐变叠加"的参数设置面板，如图 5-5 所示。通过勾选"预览"选项，可以对添加"图层样式"前后的效果进行对比。单击"确定"按钮，即可为选择的图层添加"渐变叠加"效果，如图 5-6 所示。

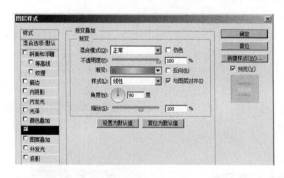

图 5-5　设置"渐变叠加"效果

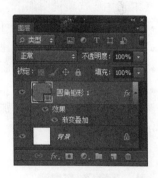

图 5-6　添加"渐变叠加"效果

添加"图层样式"还有其他 3 种方式，具体方法如下。

- 执行"图层→图层样式→混合选项"命令，弹出"图层样式"对话框。
- 双击需要添加图层样式图层的空白处，将弹出"图层样式"对话框，如图 5-7 所示。
- 在需要添加图层样式的图层上右击，在弹出的快捷菜单中选择"混合选项"命令，将弹出"图层样式"对话框。

2. 图层样式的种类

Photoshop CS6 提供的图层样式中的效果共有 10 种，分别是斜面　图 5-7　双击图层空白处和浮雕、描边、内阴影、内发光、光泽、颜色叠加、渐变叠加、图案叠加、外发光和投影，具体解释如下。

（1）斜面和浮雕

"斜面和浮雕"效果可以为图形对象添加高光与阴影的各种组合，使图形对象内容呈现立体的浮雕效果。在"图层样式"对话框中选择"斜面和浮雕"复选框，即可切换到"斜面和浮雕"参数设置面板，如图 5-8 所示。

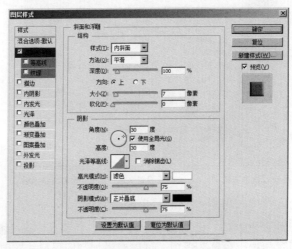

图 5-8　"斜面和浮雕"参数设置

其中，主要选项说明如下。

- 样式：在该下拉列表中可选择不同的斜面和浮雕样式，得到不同的效果。
- 方法：用来选择一种创建浮雕的方法。
- 深度：用于设置浮雕斜面的应用深度，数值越高，浮雕的立体性越强。
- 角度：用于设置不同的光源角度。

图 5-9 所示为原图像，分别为其添加"内斜面"和"枕状浮雕"样式，效果如图 5-10 和图 5-11 所示。

图 5-9　原图像　　　　　图 5-10　"内斜面"效果　　　　图 5-11　"枕状浮雕"效果

（2）描边

"描边"效果可以使用颜色、渐变或图案勾勒图形对象的轮廓，在图形对象的边缘产生一种描边效果。在"图层样式"对话框中选择"描边"复选框，即可切换到"描边"参数设置面板，如图 5-12 所示。

其中，主要选项说明如下。

- 大小：用于设置描边线条的宽度。
- 位置：用于设置描边的位置，包括外部、内部、居中。
- 填充类型：用于选择描边的效果以何种方式填充。

● 颜色：用于设置描边颜色。

图 5-13 所示为原图像，添加"描边"后的效果如图 5-14 所示。

图 5-12　"描边"参数设置

图 5-13　原图像

图 5-14　"描边"效果

（3）投影与内阴影

"投影"效果是在图形对象背后添加阴影，使其产生立体感。在"图层样式"对话框中选择"投影"复选框，即可切换到"投影"参数设置面板，如图 5-15 所示。

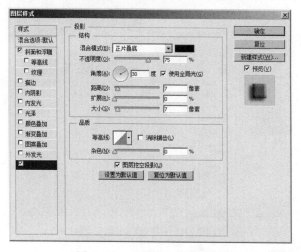

图 5-15　"投影"参数设置

其中，主要选项说明如下。

● 混合模式：用于设置阴影与下方图层的色彩混合模式，默认为"正片叠底"。单击右侧的颜色块，可以设置阴影的颜色。

- 不透明度：用于设置投影的不透明度，数值越大，阴影的颜色就越深。
- 角度：用于设置光源的照射角度，光源角度不同，阴影的位置也不同。选中"使用全局光"复选框，可以使图层效果保持一致的光线照射角度。
- 距离：用于设置投影与图像的距离，数值越大，投影就越远。
- 扩展：默认情况下，阴影的大小与图层相当，如果增大扩展值，可以加大阴影。
- 大小：用于设置阴影的大小，数值越大，阴影就越大。
- 杂色：用于设置颗粒在投影中的填充数量。
- 图层挖空投影：控制半透明图层中投影的可见或不可见效果。

"投影"效果是从图层背后产生阴影，而"内阴影"则是在图形对象前面内部边缘位置添加阴影，使其产生凹陷效果。图 5-16 所示为原图像，添加"投影"后的效果如图 5-17 所示，添加"内阴影"后的效果如图 5-18 所示。

图 5-16　原图像　　　　　图 5-17　"投影"效果　　　　　图 5-18　"内阴影"效果

（4）外发光与内发光

"外发光"效果是沿图形对象内容的边缘向外创建发光效果。在"图层样式"对话框中单击"外发光"复选框，即可切换到"外发光"参数设置面板，如图 5-19 所示。

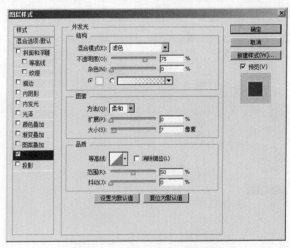

图 5-19　"外发光"参数设置

其中，主要选项说明如下。

- 杂色：用于设置颗粒在外发光中的填充数量。数值越大，杂色越多；数值越小，杂色越少。
- 方法：用于设置发光的方法，以控制发光的准确程度，包括"柔和"和"精确"两个选项。

- 扩展：用于设置发光范围的大小。
- 大小：用于设置光晕范围的大小。

"内发光"效果是沿图层内容的边缘向内创建发光效果。在"图层样式"对话框中选择"内发光"复选框，即可切换到"内发光"参数设置面板，如图 5-20 所示。

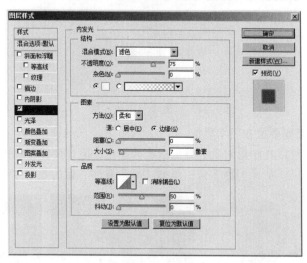

图 5-20　"内发光"参数设置

其中，主要选项说明如下。

- 源：用来控制发光光源的位置，包括"居中"和"边缘"两个选项。选择"居中"，将从图像中心向外发光；选中"边缘"，将从图像边缘向中心发光。
- 阻塞：用于设置光源向内发散的大小。
- 大小：用于设置内发光的大小。

"外发光"和"内发光"都可以使图像边缘产生发光的效果，只是发光的位置不同。图 5-21 所示为原图像，添加"外发光"后的效果如图 5-22 所示，添加"内发光"后的效果如图 5-23 所示。

图 5-21　原图像　　　　　　图 5-22　"外发光"效果　　　　　图 5-23　"内发光"效果

（5）光泽

"光泽"效果可以为图形对象添加光泽，通常用于创建金属表面的光泽外观。在"图层样式"对话框中选择"光泽"复选框，即可切换到"光泽"参数设置面板，如图 5-24 所示。该效果没有特别的选项，但可以通过选择不同的"等高线"来改变光泽的样式。图 5-25 所示为原图像，添加"光泽"后的效果如图 5-26 所示。

图 5-24 "光泽"参数设置

（6）颜色叠加、渐变叠加和图案叠加

"颜色叠加"效果可以在图形对象上叠加指定的颜色，通过设置颜色的混合模式和不透明度控制叠加效果。图 5-27 所示为原图像，添加"颜色叠加"后的效果如图 5-28 所示。

图 5-25 原图像　图 5-26 "光泽"效果　　图 5-27 原图像　　图 5-28 "颜色叠加"效果

"渐变叠加"效果可以在图形对象上叠加指定的渐变颜色。在"图层样式"对话框中选择"渐变叠加"复选框，即可切换到"渐变叠加"参数设置面板，如图 5-29 所示。

其中，主要选项说明如下。

● 渐变：用于设置渐变颜色。选中"反向"复选框，可以改变渐变颜色的方向。

● 样式：用于设置渐变的形式。

● 角度：用于设置光照的角度。

● 缩放：用于设置效果影响的范围。

图 5-30 所示为原图像，添加"渐变叠加"后的效果如图 5-31 所示。

图 5-29 "渐变叠加"参数设置　　　图 5-30 原图像　图 5-31 "渐变叠加"效果

"图案叠加"效果可以在图形对象上叠加指定的图案，并且可以缩放图案、设置图案的不透明度和混合模式。在"图层样式"对话框中选择"图案叠加"复选框，即可切换到"图案叠加"参数设置面板，如图 5-32 所示。

其中，主要选项说明如下。

- 图案：用于设置图案效果。
- 缩放：用于设置效果影响的范围。

图 5-33 所示为原图像，添加"图案叠加"后的效果如图 5-34 所示。

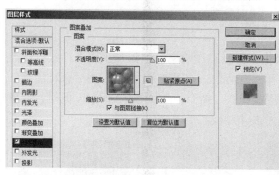

图 5-32　"图案叠加"参数设置

图 5-33　原图像　　图 5-34　"图案叠加"效果

3. 编辑图层样式

"图层样式"与"图层"一样，也可以进行修改和编辑操作。

（1）显示与隐藏图层样式

在"图层"面板中，效果前面的眼睛图标 用来控制效果的可见性，如图 5-35 所示。如果要隐藏一个效果，可以单击该效果名称前的眼睛图标 ，如图 5-36 所示。如果要隐藏一个图层中的所有效果，可单击该图层"效果"前的眼睛图标 ，如图 5-37 所示。

图 5-35　"图层样式"效果　　　图 5-36　隐藏一个效果　　　图 5-37　隐藏所有效果

（2）修改与删除图层样式

添加"图层样式"后，在"图层"面板相应图层中会显示图标 。在添加的图层样式名称上双击，如图 5-38 所示，可以再次打开"图层样式"对话框，对参数进行修改即可。

如果要删除一个图层样式效果，可以将它拖动到"图层"面板下方的 按钮上，如图 5-39 所示，释放鼠标即可删除。如果要删除一个图层的所有效果，将效果图标 拖动到 按钮上即可，如图 5-40 所示。

图 5-38　选择修改图层样式　　　图 5-39　删除一个图层效果　　　图 5-40　删除所有效果

（3）复制与粘贴图层样式

复制与粘贴图层样式，可以减少重复性操作，提高工作效率。在添加了图层样式的图层上右击，在弹出的快捷菜单中选择"拷贝图层样式"命令，如图 5-41 所示。然后，在需要粘贴的图层上右击，在弹出的菜单中选择"粘贴图层样式"命令，如图 5-42 所示。此时，被拷贝的图层样式效果都已复制到目标图层中，如图 5-43 所示。

图 5-41　选择"拷贝图层样式"命令　　图 5-42　选择"粘贴图层样式"命令　　图 5-43　复制图层样式效果

值得注意的是，按住【Alt】键不放，将效果图标 从一个图层拖动到另一个图层，可以将该图层的所有效果都复制到目标图层。如果只需要复制一个效果，可以按住【Alt】键的同时拖动该效果的名称至目标图层。

4. 图层样式的混合选项

图层样式混合选项是对"图层样式"的高级设置。选择"图层→图层样式→混合选项"命令，或单击"图层"面板下方的"添加图层样式"按钮 ，在弹出的下拉菜单中选择"混合选项"命令，即可打开"混合选项"参数设置面板。其中，对话框中提供了"常规混合"、"高级混合"以及"混合颜色带" 3 部分，如图 5-44 所示。

"常规混合"选项组中有两个选项，其设置内容与"图层"面板的设置相同。"高级混合"选项组中主要用于对通道进行更详细的混合设置。其中，主要选项说明如下。

- 填充不透明度：可以选择不同的通道来设置不透明度。
- 通道：可以对不同的通道进行混合。
- 挖空：指出哪些图层需要穿透，以显示其他图层的内容。选择"无"选项表示不挖空图层；选择"浅"选项表示图像向下挖空到第一个可能的停止点；选择"深"选项表示图像向下挖空到背景图层。

"混合颜色带"选项组用于指定混合效果对哪一通道起作用，如图 5-45 所示，两个颜色渐变条表示图层的色阶，数值范围为 0~255，可以通过拖动渐变条下面的滑块来进行设置。其中，"本图层"用于显示或隐藏当前图层的图像像素。"下一图层"用来调整下一图层图像像素的亮部或暗部。其中白色滑块代表亮部像素，黑色滑块代表暗部像素。图像调整前后的效果分别如图 5-46 和图 5-47 所示。

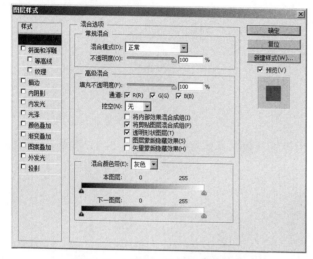

图 5-44　"混合选项"参数设置

图 5-45　"混合颜色带"参数设置

值得注意的是，按住【Alt】键的同时拖动滑块，滑块会变为两部分，如图 5-48 所示。这样可以使图像上、下两层的颜色过渡更加平滑。

图 5-46　原图像

图 5-47　"混合颜色带"效果

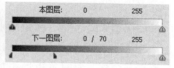

图 5-48　滑块变为两部分

5.1.2　实现步骤

1. 绘制图标的外形

Step01：按【Ctrl+N】组合键，调出"新建"对话框。设置"宽度"和"高度"均为 600 像素、"分辨率"为 72 像素/英寸、"颜色模式"为 RGB 颜色、"背景内容"为白色，单击"确定"按钮，完成画布的创建。"新建"对话框如图 5-49 所示。

Step02：执行"文件存储为"命令，在弹出的对话框中，以名称"【综合案例 12】金属质感图标.psd"保存图像。

Step03：按住【Alt】键的同时，双击"背景"层，将"背景"层转换为普通图层。

Step04：在"图层"面板中，单击底部"添加图层样式"按钮 ，在弹出的"图层样式"对话框中，选择"渐变叠加"选项，如图 5-50 所示。

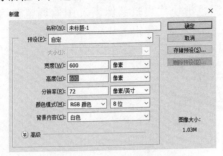

图 5-49　"新建"对话框　　　　　　　图 5-50　选择"渐变叠加"选项

Step05：在"图层样式"对话框中设置参数，具体参数设置如图 5-51 所示，渐变颜色如图 5-52 所示。

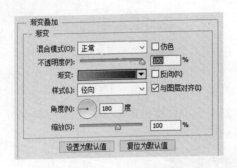

图 5-51　设置"渐变叠加"　　　　　　图 5-52　设置"渐变编辑器"

Step06：在画布中拖动渐变，调整渐变的位置，单击"确定"按钮，最终效果如图 5-53 所示。

Step07：选择"圆角矩形工具" ，在选项栏中设置"半径"为 32 像素，在画布中绘制一个正圆角矩形形状，圆角矩形大小示例如图 5-54 所示。

Step08：为圆角矩形添加"渐变叠加"图层样式，具体参数设置如图 5-55 所示，对渐变颜色的设置如图 5-56 所示。单击"确定"按钮，效果如图 5-57 所示。

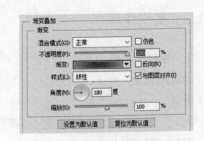

图 5-53　"渐变叠加"效果　　图 5-54　圆角矩形大小示例　　图 5-55　设置"渐变叠加"

图 5-56　设置"渐变编辑器"

图 5-57　"渐变叠加"效果

Step09：按【Ctrl+J】组合键，复制得到"圆角矩形 1 副本"。设置"渐变叠加"选项，具体参数设置如图 5-58 所示，渐变颜色设置如图 5-59 所示。单击"确定"按钮，效果如图 5-60 所示。

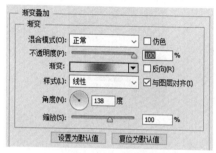

图 5-58　设置"渐变叠加"

图 5-59　设置"渐变编辑器"

Step10：按【↑】键，将"圆角矩形 1 副本"向上轻移 3 像素，增加图标的厚度感，如图 5-61 所示。

Step11：按【Ctrl+J】组合键，复制得到"圆角矩形 1 副本 2"。按【Ctrl+T】组合键，将其缩小，缩小示例如图 5-62 所示。

图 5-60　"渐变叠加"效果

图 5-61　图标的厚度感

图 5-62　缩小示例

Step12：并设置"渐变叠加"选项，具体参数设置如图 5-63 所示。渐变颜色设置如图 5-64 所示。

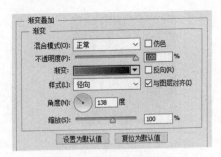

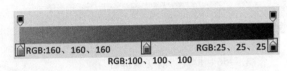

图 5-63 设置"渐变叠加"　　　　　　图 5-64 设置"渐变编辑器"

Step13：在画布中拖动渐变，调整渐变的位置，单击"确定"按钮完成设置，最终效果如图 5-65 所示。

图 5-65 "渐变叠加"效果

2. 绘制图标的内部

Step01：选择"圆角矩形工具" ，在选项栏中设置"半径"为 8 像素，在画布中绘制一个圆角矩形形状，大小和位置如图 5-66 所示，得到"圆角矩形 2"。

Step02：为"圆角矩形 2"添加"图层样式"。选择"内阴影"选项，具体参数设置如图 5-67 所示。

图 5-66 绘制圆角矩形　　　　　　图 5-67 设置"内阴影"

Step03：选择"颜色叠加"选项，具体参数设置如图 5-68 所示。单击"确定"按钮，效果如图 5-69 所示。

图 5-68 设置"颜色叠加"　　　　　　图 5-69 "颜色叠加"效果

Step04：选择"圆角矩形工具" ，在画布中绘制一个圆角矩形形状，大小和位置如图 5-70 所示，得到"圆角矩形 3"。

图 5-70　绘制圆角矩形

Step05：为"圆角矩形 3"添加"图层样式"。选择"内阴影"选项，具体参数设置如图 5-71 所示。

Step06：选择"渐变叠加"选项，具体参数设置如图 5-72 所示。其中，单击"渐变"选项右侧的渐变颜色条，对渐变颜色的设置如图 5-73 所示。

图 5-71　设置"内阴影"　　　　　　　图 5-72　设置"渐变叠加"

图 5-73　设置"渐变编辑器"

Step07：选择"投影"选项，具体参数设置如图 5-74 所示。单击"确定"按钮，效果如图 5-75 所示。

图 5-74　设置"投影"　　　　　　图 5-75　"图层样式"效果

Step08：选择"椭圆工具" ，在画布中绘制一个正圆形状，大小和位置如图 5-76 所示，得到"椭圆 1"。

图 5-76　正圆形状

Step09：为"椭圆 1"添加"图层样式"。选择"渐变叠加"选项，具体参数设置如图 5-77 所示。渐变颜色的设置如图 5-78 所示。

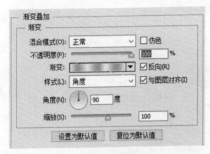

图 5-77　设置"渐变叠加"

①RGB:245、245、245
②RGB:175、175、175

图 5-78　设置"渐变编辑器"

Step10：选择"投影"选项，具体参数设置如图 5-79 所示。单击"确定"按钮，效果如图 5-80 所示。

图 5-79　设置"投影"

图 5-80　"图层样式"效果

Step11：在"图层"面板中，同时选中"圆角矩形 2""圆角矩形 3"和"椭圆 1"。按【Ctrl+G】组合键，将其合并为"组 1"。

Step12：按【Ctrl+J】组合键，复制得到"组 2"和"组 3"。选择"移动工具" ，将其水平移动到适当位置，如图 5-81 所示。

Step13：调整"组 2"中进度条的长度，进度条示例如图 5-82 所示。

图 5-81　复制并移动位置

图 5-82　进度条示例

Step14：继续调整"组 2"中按钮位置，最终效果如图 5-83 所示。

图 5-83　最终效果

5.2　【综合案例 13】制作立体字炫酷效果

在设计图像时，通常离不开文字，恰当的文字能更能有效地表现设计主题。本节将制作一款立体字炫酷效果，其效果如图 5-84 所示。通过本案例的学习，读者能够学会如何使用文字工具且设置文字属性。

图 5-84　立体字炫酷效果

5.2.1　知识储备

1. 文字工具选项栏

在图像设计中，文字的使用非常广泛。Photoshop CS6 提供了 4 种输入文字的工具，分别是横排文字工具▲、直排文字工具▲、横排文字蒙版工具▲和直排文字蒙版工具▲，如图 5-85 所示。

选择"横排文字工具"，其选项栏如图 5-86 所示。在该选项栏中，可以设置文字的字体、字号及颜色等。

图 5-85 "文字工具"组

图 5-86 "横排文字工具"选项栏

其中，各选项说明如下：

- "切换文本取向"按钮▲：可将输入好的文字在水平方向和垂直方向间切换。
- "字体系列" 宋体 ：单击下拉按钮，可以进行文字字体的选择。
- "字号" 12点 ：单击下拉列按钮，可选择文字字号，也可直接输入数值。
- "消除锯齿方式" 锐利 ：用来设置是否消除文字的锯齿边缘，以及用什么方式消除文字的锯齿边缘。
- "文本对齐"按钮：用来设置文字的对齐方式。
- "文本颜色"按钮■：单击即可调出"拾色器（文本颜色）"对话框，用来设置文字的颜色。
- "创建文字变形"按钮▲：单击即可调出"变形文字"对话框。
- "切换字符和段落面板"按钮▲：单击即可调出"字符"和"段落"面板。

多学一招：如何安装字库

Photoshop 中自带了常用的基本字体，但在实际的设计应用中，需要更多的字体来满足不同的设计需求。这时，就需要自己来安装字库。安装字库方法如下：将准备好的字库复制到 C 盘 Windows 文件夹下的 Fonts 文件夹内，即可安装字库，重启 Photoshop CS6 后即可应用字体。

2. 文字输入工具

使用"文字工具"可以在图像中输入文本或创建文本形状的选区。下面，将通过使用"横排文字工具"创建点文本和段落文本来学习文字工具组的基本操作。

（1）输入点文本

打开素材图片，选择"横排文字工具"，在选项栏中设置各项参数，如图 5-87 所示。在图像窗口中单击，会出现一个闪烁的光标，此时，进入文本编辑状态，在窗口中输入文字，如图 5-88 所示。单击选项栏上的"提交当前所有编辑"按钮✔（或按【Ctrl+Enter】组合键），完成文字的输入，如图 5-89 所示。

图 5-87 "横排文字工具"选项栏

（2）输入段落文本

打开素材图片，选择"横排文字工具"，在选项栏中设置各项参数，如图 5-90 所示。在画布上，按住鼠标左键并拖动，将创建一个定界框，其中会出现一个闪烁的光标，如图 5-91

所示。在定界框内输入文字，如图 5-92 所示。按【Ctrl+Enter】组合键，完成段落文本的创建，效果如图 5-93 所示。

图 5-88　在窗口中输入文字

图 5-89　文字输入完成

图 5-90　"横排文字工具"选项栏

图 5-91　创建定界框

图 5-92　输入文字

图 5-93　段落文本创建完成

注意：在输入文本前，若选择"直排文字工具"，则输入的文本会按垂直方向排列。完成文字的输入后，单击选项栏上的"提交当前所有编辑"按钮✓确认输入。此时，按住【Ctrl】键的同时拖动可以移动文本。若在输入文本后单击选项栏中的⊘按钮，则将取消输入的文本内容。

3. 设置文字属性

当完成文字的输入后，如果发现文字的属性与整体效果不太符合时，就需要对文字的相关属性进行细节上的调整。在 Photoshop CS6 中，提供了专门的"字符"面板和"段落"面板，用于设置文字及段落的属性。

（1）"字符"面板

设置文字的属性主要是在"字符"面板中进行。执行"窗口→字符"命令，即可弹出"字符"面板，如图 5-94 所示。

其中，主要选项说明如下：

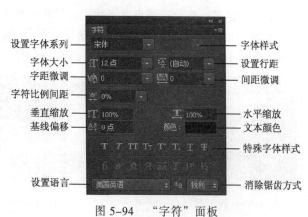

图 5-94　"字符"面板

- 设置行距⚹: 行距指文本中各文字行之间的垂直间距, 同一段落的行与行之间可以设置不同的行距。
- 字距微调⚹: 用来设置两个字符之间的间距, 在两个字符间单击, 调整参数。
- 间距微调⚹: 选择部分字符时, 可调整所选字符间距; 没有选择字符时, 可调整所有字符间距。
- 字符比例间距⚹: 用于设置所选字符的比例间距。
- 水平缩放⚹/垂直缩放⚹: 水平缩放用于调整字符的宽度, 垂直缩放用于调整字符的高度。这两个百分比相同时, 可进行对比缩放。
- 基线偏移⚹: 用于控制文字与基线的距离, 可以升高或降低所选文字。
- 特殊字体样式: 用于创建仿粗体、斜体等文字样式, 以及为字符添加下画线、删除线等文字效果。

（2）"段落"面板

"段落"面板用于设置段落属性。执行"窗口→段落"命令, 即可弹出"段落"面板, 如图 5-95 所示。

其中, 主要选项说明如下:

- 左缩进⚹: 横排文字从段落的左边缩进, 直排文字从段落的顶端缩进。
- 右缩进⚹: 横排文字从段落的右边缩进, 直排文字从段落的底部缩进。
- 首行缩进⚹: 用于缩进段落中的首行文字。

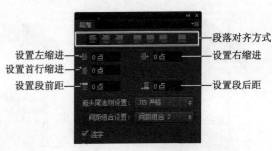

图 5-95　"段落"面板

4. 编辑段落文字

段落文字是以段落文本定界框来确定文字的位置与换行, 在定界框中输入文字后, 可以对其进行缩放、旋转和倾斜等操作, 具体解释如下。

（1）缩放段落定界框

在定界框中输入文本后, 将光标移至段落定界框的右下方的角点上, 如图 5-96 所示。当其变成⚹形状时, 拖动控制点即可放大或缩小定界框, 如图 5-97 所示。

此时, 定界框内的文字大小没有变化, 而定界框内可以容纳的文字数目将会随着定界框的放大与缩小而变化。在缩放时按住【Shift】键可以保持定界框的比例, 效果如图 5-98 所示。

图 5-96　移至控制点上

图 5-97　缩小定界框

图 5-98　保持定界框的比例

（2）旋转、倾斜段落定界框

在定界框中输入文本后, 将光标移至段落定界框角点的外面, 当其变成⚹形状时, 拖动控制点即可旋转定界框,如图 5-99 所示。值得注意的是,按住【Shift】键的同时拖动,定界框会按 15° 的倍数角度进行旋转,如图 5-100 所示。如果需要改变旋转中心,可以按住【Ctrl】键的同时将中心移至想要放置的位置。

另外,按住【Ctrl】键,将鼠标指针移至边点,当光标变成▷时,拖动边点即可倾斜段落定界框,此时若同时按住【Shift】键,当光标变成▷时,拖动边点则可以垂直或平行倾斜定界框,如图 5-101 所示。

图 5-99　旋转定界框　　　　图 5-100　按 15° 旋转定界框　　　　图 5-101　倾斜定界框

5.2.2　实现步骤

1. 输入文字内容

Step01:按【Ctrl+N】组合键,弹出"新建"对话框,设置"宽度"为 800 像素、"高度"为 600 像素、"分辨率"为 72 像素/英寸、"颜色模式"为 RGB 颜色、"背景内容"为白色,单击"确定"按钮,完成画布的创建。

Step02:执行"文件→存储为"命令,在弹出的对话框中以名称"【综合案例 13】立体字炫酷效果.psd"保存图像。

Step03:选择"横排文字工具"T,单击画布,出现闪动的竖线后,在选项栏中设置字体为"Arial"、字体样式为 Bold、字号为 125 点、字体颜色为黄色(RGB:255、228、0),如图 5-102 所示。在画布中,输入英文字符"Design",如图 5-103 所示。

图 5-102　"横排文字工具"选项栏

Step04:单击选项栏中的"提交当前所有编辑"按钮✓,完成当前文字的编辑。

Step05:在英文字符"Design"之下,按住鼠标左键并拖动,释放鼠标后,在画布中将创建一个定界框,其中会出现一个闪烁的光标,如图 5-104 所示。

图 5-103　输入英文字符 　　　　　　　　图 5-104　创建段落文本

Step06:在选项栏中设置"字体"为微软雅黑、"字体样式"为 Bold、"字号"为 50点、居中对齐文本、"字体颜色"为橙色(RGB:255、114、0),如图 5-105 所示。

图 5-105　再次设置文字选项栏

Step07：在画布中，输入中文字符"我的梦●设计梦"，如图 5-106 所示。单击选项栏上的"提交当前所有编辑"按钮☑完成当前文字的编辑。

Step08：在中文字符"我的梦●设计梦"之下，再次拖动鼠标创建一个定界框，然后在选项栏中单击"切换字符和段落面板"按钮▣，弹出字符面板。

Step09：在字符面板中，设置"字体"为微软雅黑、"字体样式"为 Regular、"字号"为 20 点、"行距"为 24 点、"字体颜色"为橙色（RGB：255、114、0），如图 5-107 所示。

Step10：在画布中，输入中文字符"传智播客网页平面 UI 设计学院"和网址www.itcast.cn，效果如图 5-108 示。

图 5-106　输入中文字符　图 5-107　设置"字符面板"　　　图 5-108　输入字符

Step11：按住【Ctrl】键，在"图层"面板中选中 3 个文字图层，如图 5-109 所示。

Step12：选择"移动工具"▶⊕，在选项栏中单击"水平居中对齐"按钮▣，调整后文字效果如图 5-110 所示。

Step13：选择"横排文字工具"▮，拖动鼠标创建一个定界框，在选项栏中设置"字体"为 Arial、"字体样式"为 Bold、"字号"为 20 点、"文本颜色"为黄色（RGB：255、228、0）。

Step14：在画布中，输入英文字符"My Dream"。单击选项栏上的"提交当前所有编辑"按钮☑，完成当前文字的编辑。

Step15：调整英文字符"My Dream"的位置，如图 5-111 所示。

图 5-109　选中文字图层　　　图 5-110　水平居中对齐文字　　　图 5-111　调整英文字符位置

2. 制作背景渐变效果

Step01：按【Ctrl+Shift+Alt+N】组合键，新建"图层 1"。

Step02：设置前景色为深蓝色（RGB：7、20、45），按【Alt+Delete】组合键为"图层1"填充深蓝色。

Step03：在"图层"面板中，单击"添加图层样式"按钮 *fx*，在弹出的菜单中选择"内发光"命令，弹出"图层样式"对话框。设置"不透明度"为 30%、"发光颜色"为浅蓝色（RGB：0、120、255）、"源"为居中、"大小"为 250 像素、"范围"为 50%，如图 5-112 所示。

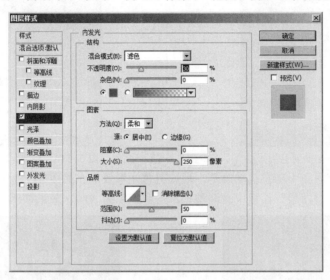

图 5-112　设置"内发光"

Step04：单击"确定"按钮，启用图层效果，效果如图 5-113 所示。

Step05：调整"图层 1"的图层顺序在所有文字图层之下，效果如图 5-114 所示。

图 5-113　渐变背景

图 5-114　调整图层顺序

3. 制作背景梦幻效果

Step01：按【Ctrl+Shift+Alt+N】组合键，新建"图层 2"。

Step02：设置前景色为浅蓝色（RGB：10、113、193）。

Step03：选择"画笔工具" ，单击选项栏中的"切换画笔面板"按钮 。在"画笔"面板中设置"笔尖形状"为柔角、"大小"为 150 像素，如图 5-115 所示。

Step04：选择"散布"复选框，设置"散布"为 200%、"数量"为 1、"数量抖动"为 0%，如图 5-116 所示。

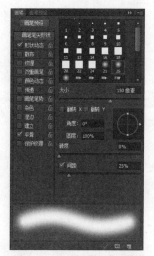

图 5-115　设置笔尖形状

图 5-116　设置"散布"

Step05：在画布中随意拖动画笔，形成蓝色光晕效果，如图 5-117 所示。

Step06：在"图层"面板中，调整"不透明度"为 30%，效果如图 5-118 所示。

图 5-117　绘制蓝色光晕

图 5-118　调整透明度

　　Step07：按【Ctrl+Shift+Alt+N】组合键，新建"图层 3"。调整画笔"大小"为 70 像素，在画布中随意拖动画笔，再次形成蓝色光晕效果，如图 5-119 所示。在"图层"面板中，调整"不透明度"为 50%，效果如图 5-120 所示。

图 5-119　再次绘制蓝色光晕

图 5-120　调整透明度

4. 绘制背景装饰线条

Step01：选择"直线工具" ，在选项栏中设置"填充"为浅蓝色（RGB：10、113、193）、"描边"为无颜色，如图 5-121 所示。

图 5-121　"直线工具"选项栏

Step02：按住【Shift】键不放，按住鼠标左键不放，拖动鼠标绘制一条与画面同宽的横向直线。此时，"图层"面板自动生成图层"形状 1"，效果如图 5-122 所示。

图 5-122　绘制直线

Step03：连续 5 次按【Ctrl+J】组合键，复制直线路径图层"形状 1"，得到"形状 1 副本"、"形状 1 副本 2"、"形状 1 副本 3"、"形状 1 副本 4"和"形状 1 副本 5"共 5 个图层，如图 5-123 所示。

Step04：选中"形状 1 副本 5"。选择"移动工具" ，按住【Shift】键不放，向下拖动"形状 1 副本 5"至适当位置，如图 5-124 所示。

Step05：在"图层"面板中选中"形状 1 副本 5"，按住【Shift】键的同时单击"形状 1"，可将"形状 1"、"形状 1 副本"、"形状 1 副本 2"、"形状 1 副本 3"、"形状 1 副本 4"与"形状 1 副本 5"同时选中，如图 5-125 所示。

图 5-123　复制图层"形状 1"

图 5-124　移动"形状 1 副本 5"

Step06：在选项栏中，单击"垂直居中分布"按钮 ，效果如图 5-126 所示。

图 5-125　选择图层　　　　　　　　图 5-126　垂直居中分布命令

Step07：按【Ctrl+E】组合键，合并形状，得到"形状 1 副本 5"。

Step08：按【Ctrl+T】组合键调出定界框，右击，在弹出的快捷菜单中选择"透视"命令，将"形状 1 副本 5"调整为图 5-127 所示效果。按【Enter】键确定变换。

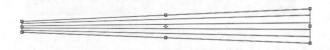

图 5-127　透视命令

Step09：再次按【Ctrl+T】组合键调出定界框，右击，在弹出的快捷菜单中选择"变形"命令，将"形状 1 副本 5"调整为图 5-128 所示效果。按【Enter】键确定变换。可进行多次"变形"命令的调整，最终效果如图 5-129 所示。

图 5-128　变形命令

图 5-129　重复变形命令

Step10：选中"形状 1 副本 5"，按【Ctrl+T】组合键组合调出定界框，进行放大和旋转的调整，并移动到适当位置，效果如图 5-130 所示。按【Enter】键确定变换。

Step11：在"图层"面板中，调整"形状 1 副本 5"的"不透明度"为 50%。

Step12：选择"直线工具"，按住【Shift】键不放，绘制一条横向直线，得到"形状 1"。在选项栏中设置"填充"为白色，放置在中文字符"我的梦●设计梦"左侧，效果如图 5-131 所示。

图 5-130　调整曲线的大小和位置

Step13：按【Ctrl+J】组合键，复制得到"形状 1 副本"。

Step14：选择"移动工具"，按住【Shift】键不放，拖动"形状 1 副本"到中文字符"我的梦●设计梦"右侧适当位置，效果如图 5-132 所示。

图 5-131　绘制装饰线

图 5-132　复制装饰线

5. 添加文字的图层样式

Step01：在"图层"面板中，选中英文字符"Design"，单击"添加图层样式"按钮，在弹出的菜单中选择"投影"命令，弹出"图层样式"对话框。

Step02：设置"不透明度"为 50%、"角度"为 90°、"距离"为 10 像素、"大小"为 10 像素，如图 5-133 所示。

Step03：选择"渐变叠加"复选框，设置"角度"为 90°，如图 5-134 所示。单击"渐变"条按钮，弹出"渐变编辑器"对话框。设置左侧色标颜色为橙色（RGB：255、114、0），右侧色标颜色为黄色（RGB：255、228、0），如图 5-135 所示，单击"确定"按钮。

图 5-133　设置"投影"

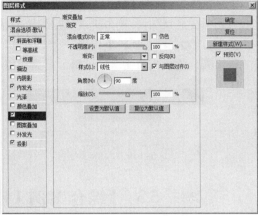

图 5-134　设置"渐变叠加"

Step04：选择"斜面和浮雕"复选框，设置"大小"为 5 像素、"阴影模式"的颜色为橙黄色（RGB：137、105、20），如图 5-136 所示。

图 5-135　"渐变编辑器"对话框

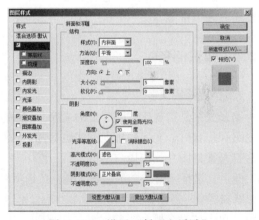

图 5-136　设置"斜面和浮雕"

Step05：选择"内发光"复选框，设置"发光颜色"为白色，单击"确定"按钮，效果如图 5-137 所示。

Step06：在"图层"面板中，选中文字图层"我的梦●设计梦"，单击"添加图层样式"按钮，在弹出的菜单中选择"渐变叠加"，弹出"图层样式"对话框。

Step07：选择"渐变叠加"复选框，单击渐变按钮，弹出"渐变编辑器"对话框。设置左侧色标颜色为浅蓝色（RGB：170、226、255），右侧色标为白色，单击"确定"按钮。

Step08：选择"投影"复选框，设置"不透明度"为 50%、"角度"为 90°、"距离"为 3 像素、"大小"为 5 像素，单击"确定"按钮，效果如图 5-138 所示。

图 5-137　添加样式的效果 1

图 5-138　添加样式的效果 2

Step09：选择"横排文字工具" ，将光标置于文字"传智播客网页平面设计学院"上。当光标变成 状时，单击进入文字编辑的状态，将所有文字反选，如图 5-139 所示。

Step10：在选项栏上设置"文本颜色"为浅灰色，单击选项栏上的"提交当前所有编辑"按钮 ，完成当前文字的编辑，效果如图 5-140 所示。

图 5-139　反选文字　　　　　　　　　　　　图 5-140　设置文本颜色

5.3 【综合案例 14】制作咖啡店贴纸

"路径文字"可以使图像中的文字呈现出连绵起伏的状态，从而使页面元素变得更加生动、活泼。本节将制作一个咖啡店贴纸效果，如图 5-141 所示。通过本案例的学习，读者可以掌握如何创建路径文字等。

5.3.1 知识储备

1. 创建路径文字

路径文字是指创建在路径上的文字，文字会沿着路径排列，改变路径形状时，文字的排列方式也会随之改变。

图 5-141　咖啡店 Logo

打开素材图片，选择"钢笔工具" ，在图像窗口中创建一条曲线路径，如图 5-142 所示。然后，选择"横排文字工具" ，在选项栏中单击"左对齐文本"按钮 。移动鼠标指针至曲线路径上，当鼠标指针变为 形状时，单击并输入文字，文字即会沿路径排列，如图 5-143 所示。单击"提交所有当前编辑"按钮 ，执行"窗口→字符"命令，弹出"字符"面板，设置文字数值，如图 5-144 所示。按【Ctrl+H】组合键隐藏路径，效果如图 5-145 所示。

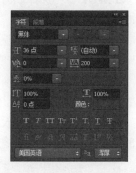

图 5-142　创建曲线路径　　图 5-143　确定插入点并输入文字　图 5-144　调出"字符"面板

值得注意的是，若在输入文字之前不单击"左对齐文本"按钮，则可输入文字的区域会很短，输入文字会显示不全（当终点处的 变成 时，表示文字未显示完整），如图 5-146 所示。扩大文字输入区域有两种方法，一个是在输入文字的过程中对其进行调整；另一个是在文字输入完成之后对其进行调整。具体解释如下。

图 5-145　路径文字效果

图 5-146　未显示完整的文字

（1）在输入文字过程中

在未完成文字输入时，按住【Ctrl】键，将光标放置在路径上，当光标变成 时，向后拖动鼠标即可。

（2）在文字输入完成后

在文字输入完成后，选择"路径选择工具" 或"直接选择工具" ，将鼠标指针放置在路径上，当光标变成 时，向后拖动鼠标即可。值得注意的是，当文字输入完毕，必须要单击"提交所有当前编辑"按钮 （或按【Ctrl+Enter】组合键）完成输入。

2. 栅格化文字图层

使用文字工具输入的"文字"是矢量图形，无法在 Photoshop CS6 中进行绘图及滤镜操作，只有栅格化文字图层才可以制作更加丰富的效果。

打开素材图片，并输入文字，如图 5-147 所示。选择文字图层，如图 5-148 所示，执行"图层→栅格化→文字"命令，即可将文字图层栅格化为普通图层，如图 5-149 所示。可以对栅格化的文字图层进行各种编辑操作，例如，执行"滤镜→风格化→查找边缘"命令，效果如图 5-150 所示。

图 5-147　文字图层　　图 5-148　选择"文字　　图 5-149　栅格化文字　　图 5-150　编辑栅格化的
　　　　　　　　　　　　　　　图层"　　　　　　　　　　　　　　　　　　　　文字图层

5.3.2　实现步骤

1. 建立路径外侧文字

Step01：在 Photoshop CS6 中打开素材图片"阿咪咖啡"，如图 5-151 所示。

Step02：执行"文件→存储为"命令，在弹出的对话框中以名称"【综合案例 14】咖啡店贴纸.psd"保存图像。

Step03：按【Ctrl+Shift+Alt+N】组合键，新建"图层1"。

Step04：选择"椭圆工具" ⬭ ，在选项栏"工具模式"的下拉列表中选择"路径"选项，效果如图 5-152 所示。

Step05：将鼠标指针置于画布中心位置，按住【Shift+Alt】组合键不放，绘制正圆路径，大小和位置如图 5-153 所示。

图 5-151　素材图片　　　图 5-152　选择"路径"选项　　　图 5-153　创建正圆路径

Step06：选择"横排文字工具" T ，将鼠标指针置于左侧正圆路径上，指针状态变为如图 5-154 所示时单击，建立路径文字的起点。

Step07：在选项栏中，设置"字体"为隶书，"字号"为 60 点，"字体颜色"为黑色，输入文字"阿咪咖啡店"，效果如图 5-155 所示。

Step08：在文字可编辑状态下，按【Ctrl+T】组合键，调出"字符"面板。将文字"阿咪咖啡店"进行反选，设置所选字符的"字距"为 980，效果如图 5-156 所示，单击"提交所有当前编辑"按钮 ✓ 。

图 5-154　指针状态　　　图 5-155　输入文字　　　图 5-156　设置字距

2. 建立路径内侧文字

Step01：选择"路径选择工具" ▸ 或"直接选择工具" ▸ ，将鼠标指针置于文字的起点。当鼠标指针状态变为如图 5-157 所示的状态时，向路径内拖动文字，即可将文字翻转到路径内，效果如图 5-158 所示。

图 5-157　鼠标指针状态　　　　　　　　图 5-158　文字翻转到路径内

Step02：单击文字起点处，当在路径上出现竖线时，拖动调整文字的起始位置，如图 5-159 所示，即可调整文字位置，效果如图 5-160 所示。

图 5-159　调整起始位置　　　　　　　图 5-160　调整文字后效果

动 手 实 践

学习完前面的内容，下面来动手实践一下吧：

请运用图层样式绘制如图 5-161 所示的文字效果。

图 5-161　文字效果

第 ⑥ 章　色彩调节与通道

学习目标

- 掌握色彩调节的方法,可以调节图像的色相及饱和度。
- 掌握曲线工具的使用,可以调节图像的明暗对比度。
- 掌握通道的原理,可以使用通道调色和抠图。

色彩在图像的修饰中起着非常重要的作用,通过调节色彩可以营造不同的氛围和意境,使图像更具表现力。Photoshop CS6 拥有强大的色彩调节功能,可以轻松校正图像的色彩及色调。本章将对"色彩调节"和"通道"的相关知识进行详细讲解。

6.1 【综合案例 15】汽车变色

Photoshop CS6 提供了多种色彩调节命令,不同的命令适用于不同的图像调节需求。本节将运用一些调节色彩的命令,对图 6-1 中所示的汽车及背景变换颜色,调整后的效果如图 6-2 所示。通过本案例的学习,读者能够掌握"色相"、"饱和度"及"色彩平衡"等知识的运用。

图 6-1　原图像　　　　　　　　　　　图 6-2　效果图

6.1.1　知识储备

1. 色相/饱和度

"色相/饱和度"命令可以对图像的色相、饱和度和明度进行调整,使图像的色彩更加丰富、生动。执行"图像→调整→色相/饱和度"命令(或按【Ctrl+U】组合键),弹出"色相/饱和度"对话框。

图 6-3 所示为"色相/饱和度"对话框,对其中常用选项的解释如下。

- 全图：用于设置调整颜色范围，可以针对不同颜色的区域进行相应的调节。
- 色相：是各类颜色的相貌称谓，用于改变图像的颜色。
- 饱和度：用于调整色彩的鲜艳程度。
- 明度：用于调整色彩的明暗程度。
- 着色：选中该复选框，可以使灰色或彩色图像变为单一颜色的图像。

值得注意的是，使用"色相/饱和度"命令既可以调整图像中所有颜色的色相、饱和度和明度，也可以针对单种颜色进行调整。具体说明如下。

打开素材图片，如图 6-4 所示。按【Ctrl+U】组合键调出"色相/饱和度"对话框，拖动滑块可以调整图像中所有颜色的色相、饱和度和明度（见图 6-5），效果如图 6-6 所示。

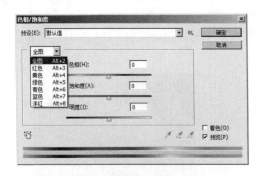

图 6-3　"色相/饱和度"对话框

图 6-4　原图像

图 6-5　调整"全图"色相

图 6-6　调整"全图"色相效果

在"全图"下拉列表中选择"黄色"，拖动滑块即可针对画面中黄色颜色的色相、饱和度和明度进行调整（见图 6-7），效果如图 6-8 所示。

图 6-7　调整"黄色"色相

图 6-8　调整"黄色"色相效果

2. 色彩平衡

"色彩平衡"命令通过调整色彩的色阶来校正图像中的偏色现象，从而使图像达到一种平衡。执行"图像→调整→色彩平衡"命令（或按【Ctrl+B】组合键），弹出"色彩平衡"对话框。

图 6-9 所示为"色彩平衡"对话框，对其中各选项的解释如下：

- 色彩平衡：用于添加过渡色来平衡色彩效果。在"色阶"文本框中输入合适的数值，或者拖动滑块，都可以调整图像的色彩平衡。如果需要增加哪种颜色，就将滑块向所要增加颜色的方向拖动即可。
- 色调平衡：用于选取图像的色调范围，主要通过"阴影"、"中间调"和"高光"进行设置。选中"保持明度"复选框，可以在调整颜色平衡的过程中保持图像整体亮度不变。

打开素材图片，如图 6-10 所示。执行"图像→调整→色彩平衡"命令（或按【Ctrl+B】组合键），弹出"色彩平衡"对话框，拖动滑块增加画面中的红色，如图 6-11 所示。单击"确定"按钮，效果如图 6-12 所示。

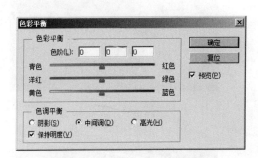

图 6-9　"色彩平衡"对话框

图 6-10　原图像

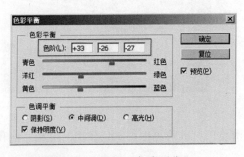

图 6-11　设置"色彩平衡"

图 6-12　"色彩平衡"效果

3. 去色

"去色"命令可以去除图像中的彩色，使图像转换为灰度图像。这种处理图像的方法不会改变图像的颜色模式，只是使图像失去了彩色而变为黑白效果。

值得注意的是，图像一般包含多个图层，该命令只作用于被选择的图层。另外，也可以对选中图层中选区的范围进行"去色"操作。

打开素材图片，如图 6-13 所示。执行"图像→调整→去色"命令（或按【Ctrl+Shift+U】组合键），将对图像进行"去色"操作，效果如图 6-14 所示。

图 6-13　原图像

图 6-14　"去色"效果

4. 反相

"反相"命令用于反转图像的颜色和色调，可以将一张正片黑白图像转换为负片，产生类似照片底片的效果。打开素材图片，如图 6-15 所示。执行"图像→调整→反相"命令（或按【Ctrl+I】组合键），将对图像进行"反相"操作，效果如图 6-16 所示。

图 6-15　原图像

图 6-16　"反相"效果

6.1.2　实现步骤

1. 调整汽车颜色

Step01：打开素材图片"汽车"，如图 6-17 所示。

Step02：执行"文件→存储为"命令，在弹出的对话框中以名称"【综合案例 15】汽车变色.psd"保存图像。

Step03：按【Ctrl+J】组合键复制"背景"图层，得到"图层 1"。

Step04：执行"图像→调整→色相/饱和度"命令（或按【Ctrl+U】组合键），弹出"色相/饱和度"对话框，如图 6-18 所示。

图 6-17　素材图片

图 6-18　"色相/饱和度"对话框

Step05：在"色相/饱和度"对话框中，选择"全图"下拉列表中的"蓝色"颜色模式。拖动"色相"、"饱和度"及"明度"滑块可以分别更改色相、饱和度及明度值，如图 6-19 所示。单击"确定"按钮，效果如图 6-20 所示。

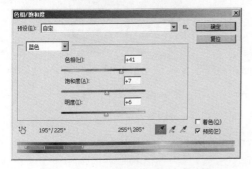

图 6-19　"色相/饱和度"对话框

图 6-20　调整汽车颜色

2. 调整背景颜色

Step01：按【Ctrl+J】组合键复制"图层 1"，得到"图层 1 副本"。执行"图像→调整→色相/饱和度"命令（或按【Ctrl+U】组合键），弹出"色相/饱和度"对话框。

Step02：在"色相/饱和度"对话框中，选择"全图"下拉列表中的"黄色"模式。再次拖动"色相"、"饱和度"及"明度"滑块更改色相、饱和度及明度值，如图 6-21 所示。单击"确定"按钮，效果如图 6-22 所示。

图 6-21　"色相/饱和度"对话框

图 6-22　调整背景颜色

Step03：执行"图像→调整→色彩平衡"命令（或按【Ctrl+B】组合键），弹出"色彩平衡"对话框。拖动"青色/红色"、"洋红/绿色"及"黄色/蓝色"滑块来调节图像的色彩平衡值，如图 6-23 所示。单击"确定"按钮，效果如图 6-24 所示。

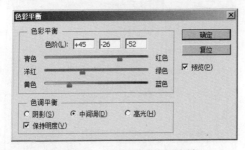

图 6-23　"色彩平衡"对话框

图 6-24　调整整体平衡

6.2　【综合案例16】调整曝光不足的照片

在 Photoshop 中除了使用"色相/饱和度""色彩平衡"等命令调节颜色外，还可以使用"亮度/对比度""色阶""曲线"等调节颜色的对比度及明亮程度。本节将对图 6-25 所示的照片进行调节，使其变得清晰、美观，效果如图 6-26 所示。通过本案例的学习读者能够掌握色阶、曲线等命令的使用。

图 6-25　原图像

图 6-26　效果图

6.2.1　知识储备

1．亮度/对比度

"亮度/对比度"命令可以快速地调节图像的亮度和对比度。执行"图像→调整→亮度/对比度"命令，弹出"亮度/对比度"对话框。

图 6-27 所示为"亮度/对比度"对话框，对其中各选项的解释如下。

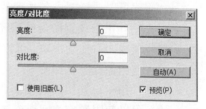
图 6-27　"亮度/对比度"对话框

- 亮度：拖动该滑块，或在文本框中输入数字（-100～100），即可调整图像的明暗。向左拖动滑块，数值显示为负值，图像亮度降低。向右拖动滑块，数值显示为正值，图像亮度增加。
- 对比度：用于调整图像颜色的对比程度。向左拖动滑块，数值显示为负值，图像对比度降低。向右拖动滑块，数值显示为正值，图像对比度增加。
- 使用旧版：Photoshop CS6 之后的版本对"亮度/对比度"的调整算法进行了改进，能够保留更多的高光和细节。如果需要使用旧版本的算法，可以选择"使用旧版"复选框。

打开素材图片，如图 6-28 所示。执行"图像→调整→亮度/对比度"命令，弹出"亮度/对比度"对话框，如图 6-29 所示。拖动滑块或在文本框中输入数值（-50～50）即可调整图像的亮度，如图 6-30 所示。单击"确定"按钮，效果如图 6-31 所示。

2．曝光度

拍摄照片时，有时会因为曝光度过度导致图像偏白，或者曝光不足使图像看起来偏暗。使用"曝光度"命令可以使图像的曝光度恢复正常。打开素材图片，如图 6-32 所示。执行"图像→调整→曝光度"命令，弹出"曝光度"对话框，如图 6-33 所示。

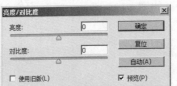
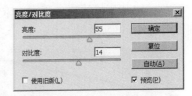

图 6-28　原图像　　　图 6-29　"亮度/对比度"对话框　　图 6-30　调整"亮度"和"对比度"

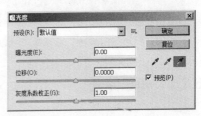

图 6-31　"亮度/对比度"效果　　　图 6-32　原图像　　　图 6-33　"曝光度"对话框

对"曝光度"对话框中各选项的解释如下：

● 曝光度：用于设置图像的曝光程度，通过增强或减弱光照强度使图像变亮或变暗。设置正值或向右拖动滑块，可以使图像变亮，如图 6-34 所示。设置负值或向左拖动滑块，可以使图像变暗，如图 6-35 所示。

● 位移：用于设置阴影或中间调的亮度，取值范围是-0.5～0.5。设置正值或向右拖动滑块，可以使阴影或中间调变亮，但对高光的影响很轻微。

● 灰度系数校正：使用简单的乘方函数来设置图像的灰度系数。可以通过拖动该滑块或在其后面的文本框中输入数值校正照片的灰色系数。

图 6-34　设置曝光度为 1　　　　　图 6-35　设置曝光度为-1

3. 色阶

"色阶"命令是最常用到的调整命令之一。它不仅可以调整图像的阴影、中间调和高光的强度级别，而且还可以校正色调范围和色彩平衡。

　　打开素材图片，如图 6-36 所示。执行"图像→调整→色阶"命令（或按【Ctrl+L】组合键），弹出"色阶"对话框，如图 6-37 所示。

图 6-36　原图像

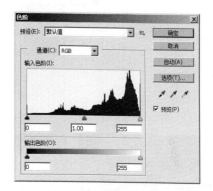

图 6-37　"色阶"对话框

　　在"色阶"对话框中，中间的直方图显示了图像的色阶信息。其中，黑色滑块代表图像的暗部，灰色滑块代表图像的中间色调，白色滑块代表图像的亮部。通过拖动黑、灰、白色滑块或输入数值来调整图像的明暗变化。对"色阶"对话框中其他选项的解释如下：

　　（1）通道

　　在"通道"下拉列表中可以选择一个颜色通道进行调整。例如，在调整 RGB 图像的色阶时，在"通道"下拉列表中选择"蓝"通道，如图 6-38 所示。然后拖动滑块可以对图像中的蓝色进行调整，如图 6-39 所示。单击"确定"按钮，效果如图 6-40 所示。

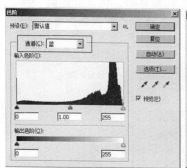

图 6-38　选择"蓝"通道　　　　图 6-39　调整图像中的蓝色　　　　图 6-40　调整后的效果

　　（2）输入色阶

　　"输入色阶"用来调整图像的阴影（左侧滑块）、中间调（中间滑块）和高光区域（右侧滑块），从而提高图像的对比度。拖动滑块或者在滑块下面的文本框中输入数值都可以对图片的输入色阶进行调整。向左拖动滑块，如图 6-41 所示，与之对应的图片色调会变亮，效果如图 6-42 所示。向右拖动滑块，如图 6-43 所示，则图片色调会变暗，效果如图 6-44 所示。

　　（3）输出色阶

　　"输出色阶"可以限制图像的亮度范围，从而降低对比度，使图像呈现出类似褪色的效果。同样，拖动滑块或者在滑块下面的文本框中输入数值，都可以对图片的输出色阶进行调整，如图 6-45 所示。单击"确定"按钮，效果如图 6-46 所示。

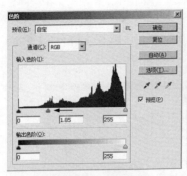

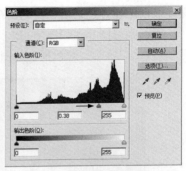

图 6-41　向左拖动滑块　　　　图 6-42　图片色调变亮　　　　图 6-43　向右拖动滑块

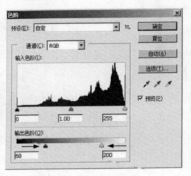

图 6-44　图片色调变暗　　　　图 6-45　拖动滑块　　　　图 6-46　调整后的图片效果

4. 曲线

"曲线"命令用来调节图像的整个色调范围，它和"色阶"命令相似，但比"色阶"命令对图像的调节更加精密，因为曲线中的任意一点都可以进行调节。执行"图像→调整→曲线"命令（或按【Ctrl+M】组合键），弹出"曲线"对话框，如图 6-47 所示。

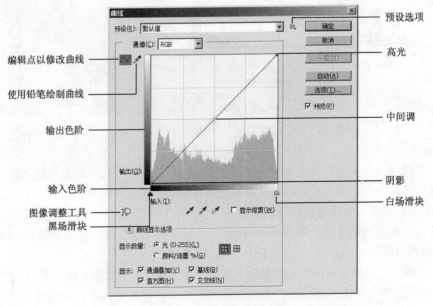

图 6-47　"曲线"对话框

对"曲线"对话框中主要选项的解释如下。

- 预设选项：包含了 Photoshop 中提供的各种预设调整文件，可用于调整图像。
- 编辑点以修改曲线：打开"曲线"对话框时，[图标]按钮默认为按下状态。在曲线中添加控制点可以改变曲线形状，从而调节图像。
- 使用铅笔绘制曲线：按下[图标]按钮后，可以通过手绘效果的自由曲线来调节图像。
- 图像调整工具：单击[图标]按钮后，将光标放在图像上，曲线上会出现一个空的图形，它代表了光标处的色调在曲线上的位置，单击并拖动鼠标可添加控制点并调整相应的色调。
- "自动"按钮：单击该按钮，可以对图像应用"自动颜色"、"自动对比度"或"自动色调"校正。
- "选项"按钮：单击该按钮，可以打开"自动颜色校正选项"对话框。

使用"曲线"进行调节时，可以添加多个控制点，从而对图像的色彩进行精确的调整，具体操作如下。

打开素材图片，如图 6-48 所示。按【Ctrl+M】组合键，弹出"曲线"对话框，在曲线上单击添加控制点，拖动控制点调节曲线的形状，如图 6-49 所示。单击"确定"按钮即可完成图像色调及颜色的调节，效果如图 6-50 所示。

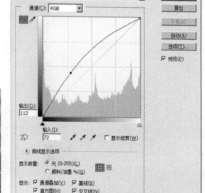

　图 6-48　原图像　　　　　图 6-49　调节曲线形状　　　　图 6-50　调整后效果

值得注意的是，在 RGB 模式下，曲线向上弯曲，可以将图像的色调调亮，反之，色调变暗。

5. 通道调色

"通道"是一种重要的图像处理方法，它主要用来存储图像的色彩信息。接下来，将对"调色命令与通道的关系"、"颜色通道"及"利用通道调色"进行具体讲解。

（1）调色命令与通道的关系

图像的颜色信息保存在通道中，因此，使用任何一个调色命令调整颜色时，都是通过通道来影响色彩的。如图 6-51 所示为一个 RGB 模式的文件及它的通道，使用"色相/饱和度"命令调整它的整体颜色时，可以看到红、绿、蓝通道都发生了改变，如图 6-52 所示。

由此可见，使用调色命令调整图像颜色时，其实是 Photoshop 在内部处理颜色通道，使之变亮或者变暗，从而实现色彩的变化。

（2）颜色通道

颜色通道就像是摄影胶片，它们记录了图像内容和颜色信息。图像的颜色模式不同，颜色通道的数量也不相同。RGB 图像包含红、绿、蓝和一个用于编辑图像内容的复合通道，如图 6-53 所示。CMYK 图像包含青色、洋红、黄色、黑色和一个复合通道，如图 6-54 所示。

图 6-51　RGB 文件

图 6-52　通道发生改变

图 6-53　RGB 图像通道

图 6-54　CMYK 图像通道

（3）利用通道调色

在颜色通道中，灰色代表了一种颜色的含量，明亮的区域表示大量对应的颜色，暗的区域表示对应的颜色较少。如果要在图像中增加某种颜色，可以将相应的通道调亮；要减少某种颜色，将相应的通道调暗即可。

"色彩"和"曲线"对话框中都包含通道选项，可以从中选择一个通道，调亮它的明度，从而影响颜色。具体操作如下：

打开素材图片，如图 6-55 所示。按【Ctrl+M】组合键，弹出"曲线"对话框。在"通道"下拉列表中选择"红"，将红色通道调亮，如图 6-56 所示。单击"确定"按钮，可以看到图片中的红色色调增加，如图 6-57 所示。反之，将红色通道调暗时，图片中的红色色调会减少，如图 6-58 所示。

图 6-55　原图像

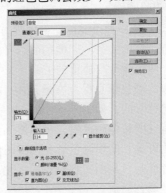

图 6-56　将红色通道调亮

图 6-57　图片中增加了红色

图 6-58　图片中减少了红色

6.2.2　实现步骤

1. 调整曝光不足

Step01：打开素材图片"长城"，如图 6-59 所示。这是一张黄昏时拍摄的长城照片，曝光不足，色调也比较清冷。

Step02：执行"文件→存储为"命令，在弹出的对话框中以名称"【综合案例 16】调整曝光不足的照片.psd"保存图像。

Step03：按【Ctrl+J】组合键复制"背景"图层，得到"图层 1"。

Step04：执行"图像→调整→色阶"命令（或按【Ctrl+L】组合键），弹出"色阶"对话框，如图 6-60 所示。拖动滑块或者在滑块下面的文本框中输入数值，如图 6-61 所示。单击"确定"按钮，效果如图 6-62 所示。

图 6-59　素材图片

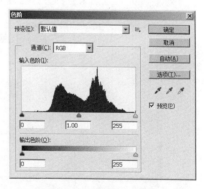

图 6-60　"色阶"对话框

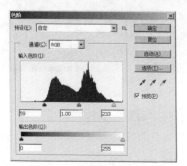

图 6-61　调整"色阶"

图 6-62　调整后的图片效果

2. 调整颜色

Step01：按【Ctrl+J】组合键复制"图层 1"，得到"图层 1 副本"。选择"魔棒工具"，在图 6-62 上选出天空部分的选区，如图 6-63 所示。

Step02：执行"图像→调整→曲线"命令（或按【Ctrl+M】组合键），弹出"曲线"对话框，如图 6-64 所示。首先在"通道"下拉列表中选择"蓝"，然后，在曲线上单击添加控制点，拖动曲线向上弯曲，将该通道调亮，如图 6-65 所示。最后，单击"确定"按钮，效果如图 6-66 所示。

图 6-63 选出天空部分的选区

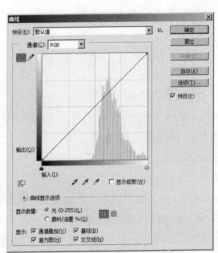

图 6-64 "曲线"对话框

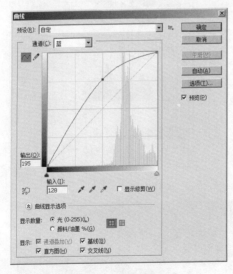

图 6-65 调整曲线形状

图 6-66 天空部分变蓝

Step03：按【Ctrl+M】组合键打开"曲线"对话框，在"通道"下拉列表中选择"红"。然后，在曲线上分别单击添加两个控制点，通过拖动控制点调节曲线的形状，如图 6-67 所示。调整完毕后，单击"确定"按钮，效果如图 6-68 所示。

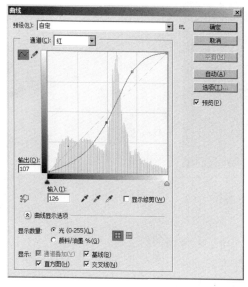

图 6-67　调节曲线形状

图 6-68　最终效果

6.3　【综合案例 17】抠取云彩

"通道"是 Photoshop 的高级功能，与图像内容、色彩等有密切联系。通道的应用也非常广泛，不仅可以用来调色，还可以用来抠图。本节将抠取图 6-69 中所示的云彩，并放入另一张背景图片中，最终效果如图 6-70 所示。通过本案例的学习，读者能够认识通道面板并掌握通道的基本操作。

图 6-69　云彩

图 6-70　通道抠图效果展示

6.3.1　知识储备

1.　"通道"面板

"通道"面板可以对所有的通道进行管理和编辑。当打开一个图像时，Photoshop 会自动创建该图像的颜色信息通道，如图 6-71 所示。

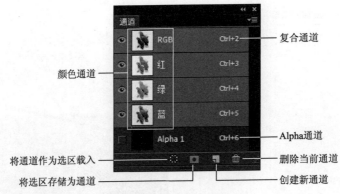

图 6-71 "通道"面板

对"通道"面板中主要选项的解释如下。

- 将通道作为选区载入：单击该按钮，可以载入所选通道内的选区。
- 将选区存储为通道：单击该按钮，可以将图像中的选区保存在通道内。
- 创建新通道：单击该按钮，可以创建新的 Alpha 通道。
- 删除当前通道：单击该按钮，可以删除当前选择的通道。

2. 通道的基本操作

在 Photoshop CS6 中不仅可以创建新通道，还可以对当前通道进行复制和删除。

（1）创建新通道

在编辑图像的过程中，可以创建新通道。打开素材图片，单击"通道"面板右上方的 ▼≣ 按钮，将弹出如图 6-72 所示的面板菜单。选择"新建通道"命令，弹出"新建通道"对话框，如图 6-73 所示。单击"确定"按钮，即可创建一个新通道，默认名为"Alpha 1"，如图 6-74 所示。

图 6-72　面板菜单

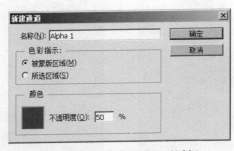

图 6-73　"新建通道"对话框

图 6-74　创建新通道

另外，单击"通道"控制面板下方的"创建新通道"按钮 ▣，也可以创建一个新通道。

（2）复制通道

"复制通道"命令用于将现有的通道进行复制，以产生相同属性的多个通道。单击"通道"面板右上方的 ▼≣ 按钮，在弹出的面板菜单中选择"复制通道"命令，弹出"复制通道"对话框，如图 6-75 所示。单击"确定"按钮，即可复制出一个新通道，如图 6-76 所示。

图 6-75　"复制通道"对话框

图 6-76　复制通道

（3）删除通道

不需要的通道可以将其删除，以免影响操作。单击"通道"面板右上方的  按钮，在弹出的面板菜单中选择"删除通道"命令，即可将通道删除。

另外，单击"通道"面板下方的"删除当前通道"按钮 ，将弹出提示对话框，如图 6-77 所示。单击"是"按钮，将通道删除。或者也可将通道直接拖动到"删除当前通道"按钮 上进行删除。

图 6-77　提示对话框

3. Alpha 通道

"Alpha 通道"是通道的重要组成部分，使用"Alpha 通道"不仅可以保存选区，还可以将选区存储为灰度图像。然后，可以使用画笔、加深、减淡等工具以及各种滤镜，通过编辑"Alpha 通道"来修改选区。另外，还可以通过"Alpha 通道"载入选区。

在"Alpha 通道"中，白色代表了可以被选择的区域，黑色代表了不能被选择的区域，灰色代表了可以被部分选择的区域。用白色涂抹"Alpha 通道"可以扩大选的范围；用黑色涂抹"Alpha 通道"则会收缩选区；用灰色涂抹可以增加羽化的范围。

打开素材图片，如图 6-78 所示。在"Alpha 通道"中，使用"渐变工具"制作一个呈现灰度阶梯的区域，如图 6-79 所示。单击"通道"面板下方的"将通道作为选区载入"按钮 ，可以载入通道的选区，如图 6-80 所示。按【Ctrl+D】组合键取消选区，并使用黑色画笔涂抹"Alpha 通道"，如图 6-81 所示。此时，将通道作为选区载入，通道内的选区将会收缩，如图 6-82 所示。

图 6-78　原图像

图 6-79　制作灰度阶梯选区

图 6-80　载入选区

图 6-81 黑色画笔涂抹"Alpha 通道"

图 6-82 通道内的选区收缩

6.3.2 实现步骤

1. 抠出云彩

Step01：打开素材图片"云彩"，如图 6-83 所示。

Step02：按【Ctrl+J】组合键复制"背景"图层，得到"图层 1"。选择"窗口→通道"命令，打开"通道"面板，如图 6-84 所示。

Step03：选中"红"通道，如图 6-85 所示。按【Ctrl+M】组合键打开"曲线"对话框，拖动曲线向下弯曲，如图 6-86 所示。单击"确定"按钮，效果如图 6-87 所示。

图 6-83 素材图片

图 6-84 "通道"控制面板 图 6-85 选中"红"通道

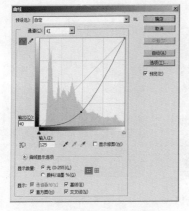

图 6-86 "曲线"对话框

图 6-87 调整后效果

Step04：选中"红"通道，单击"通道"面板下方的"将通道作为选区载入"按钮▧，调出"红"通道的选区，如图 6-88 所示。

Step05：选中"RGB"通道，如图 6-89 所示。然后，切换至"图层"面板，如图 6-90 所示。

Step06：选中"图层 1"，按【Ctrl+J】组合键对其进行复制，得到"图层 2"。此时，"图层 2"中的图像便是抠取出来的云彩，如图 6-91 所示。

图 6-88　调出"红"通道选区

图 6-89　选中"RGB"通道

图 6-90　选中"图层 1"

图 6-91　抠取出来的云彩

2. **拼合素材**

Step01：在新窗口中，打开素材图片"草地"，如图 6-92 所示。

Step02：执行"文件→储存为"命令，在弹出的对话框中以名称"【综合案例 17】通道抠图.PSD"保存图像。

Step03：将抠取的云彩图像拖动到新窗口中，得到"图层 1"。然后，按【Ctrl+T】组合键调出定界框，调整其大小并放在合适的位置，效果如图 6-93 所示。

图 6-92　素材图片

图 6-93　调整大小及位置

Step04：按【Ctrl+U】组合键，打开"色相/饱和度"对话框。向右拖动滑块将"明度"调为最高，如图 6-94 所示。单击"确定"按钮，效果如图 6-95 所示。

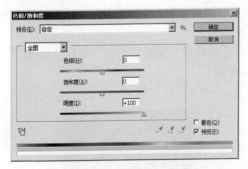

图 6-94　将"明度"调为最高

图 6-95　调整后的图片效果

Step05：选择"橡皮擦工具" ，在其选项栏中设置"不透明度"为 100% ，在图像中进行涂抹，以擦除多余的图像，效果如图 6-96 所示。

图 6-96　擦除多余云彩

6.4 【综合案例18】修复照片

Photoshop 不仅可以对图像进行调色，还提供了丰富的图像修复和修饰工具，可以修复图片上的斑点污渍等，使照片看上去更加美观。本节将对图 6-97 中所示人物的皮肤及皱纹进行修复，修复后的效果如图 6-98 所示。通过本案例的学习读者可以轻松使用"污点修复画笔工具"及"修补工具"修复图像。

图 6-97　原图像

图 6-98　效果图

6.4.1　知识储备

1. 污点修复画笔工具

"污点修复画笔工具" 可以快速去除图像中的杂点或污点。选择该工具后，只需在图像中有污点的地方单击，即可快速修复污点。"污点修复画笔工具"可以自动从所修复区域的周围取样来进行修复操作，不需要用户定义参考点。选择"污点修复画笔工具"，其选项栏如图 6-99 所示。

图 6-99　"污点修复画笔工具"选项栏

确定样本像素有"近似匹配"、"创建纹理"和"内容识别"三种类型，对它们的解释如下。

- 近似匹配：选中该项，如果没有为污点建立选区，则样本自动采用污点外围四周的像素；如果选中污点，则样本采用选区外围的像素。
- 创建纹理：选中该项，则使用选区中的所有像素创建一个用于修复该区域的纹理。如果纹理不起作用，可以再次拖过该区域。
- 内容识别：选中该项，可使用选区周围的像素进行修复。

打开素材图片，如图 6-100 所示。选择"污点修复画笔工具"，在选项栏中选择一个比要修复区域稍大一点的画笔笔尖，其他选项保持默认设置。将光标放在斑点处，如图 6-101 所示。然后，使用鼠标单击，斑点即被去除，效果如图 6-102 所示。

图 6-100　原图像　　　　图 6-101　将光标放在斑点处　　　图 6-102　去除斑点

2. 修复画笔工具

"修复画笔工具" 可以通过从图像中取样，达到修复图像的目的。与"污点修复画笔工具" 不同的是，使用"修复画笔工具"时需要按住【Alt】键进行取样来控制取样来源。选择"修复画笔工具"，其选项栏如图 6-103 所示。

图 6-103　"修复画笔工具"选项栏

对"修复画笔工具"选项栏中主要选项的解释如下。

- 画笔：用于选择修复画笔的大小及形状等。
- 模式：用于设置复制像素或填充图案与底图的混合模式。
- 取样：选中该选项，可以从图像中取样来修复有缺陷的图像。
- 图案：选中该选项，可以使用图案填充图像，并且将根据周围的图像来自动调整图案的色彩和色调。

- 对齐：用于设置是否在复制时使用对齐功能。
- 样本：用于选取需要修复的图层，分别为"当前图层"、"当前和下方图层"和"所有图层"。

打开素材图片，如图 6-104 所示。选择"修复画笔工具"，在选项栏中选择一个柔和的笔尖，其他选项保持默认设置。将光标放在眼角附近没有皱纹的皮肤上，按住【Alt】键，光标将变为圆形十字图标 ⊕，此时，单击进行取样，如图 6-105 所示。然后，释放【Alt】键，在眼角的皱纹处单击并拖动鼠标进行修复，如图 6-106 所示。修复后的图像效果如图 6-107 所示。

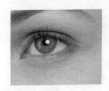 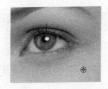 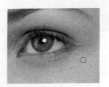 

图 6-104　原图像　　　　图 6-105　取样　　　　图 6-106　进行修复　　　　图 6-107　修复完成

3. 修补工具

"修补工具" 使用其他区域中的像素来修复选中的区域，并将样本像素的纹理、光照和阴影与源像素进行匹配。该工具的特别之处是需要用选区来定位修补范围。选择"修补工具"，其选项栏如图 6-108 所示。

图 6-108　　"修补工具"选项栏

对"修补工具"选项栏中主要选项的解释如下。

- 源：选中该单选框，如果将源图像选区拖至目标区域，则源区域图像将被目标区域的图像覆盖。
- 目标：选中该单选框，表示将选定区域作为目标区域，用其覆盖需要修补的区域。
- 透明：选中该复选框，可以将图像中差异较大的形状图像或颜色修补到目标区域中。
- 使用图案：创建选区后该按钮将被激活，单击其右侧的下拉按钮，可以在打开的图案列表中选择一种图案，以对选区图像进行图案修复。

打开素材图片，如图 6-109 所示。选择"修补工具"，并在选项栏中选中"目标"按钮，其他选项保持默认设置。在图像中单击并拖动鼠标绘制选区，如图 6-110 所示。然后，将光标放在选区内，单击并向左拖动鼠标即可复制图像，如图 6-111 所示。按【Ctrl+D】组合键取消选区，效果如图 6-112 所示。

图 6-109　原图像　　　　　　　　　　　图 6-110　绘制选区

图 6-111　复制图像

图 6-112　修补完成

4. 内容感知移动工具

"内容感知移动工具" 是 Photoshop CS6 版本中的一个新增工具，它可以在移动图片中选中的某个区域时，智能填充原来的位置。使用"内容感知移动工具"时，要先为需要移动的区域创建选区，然后将其拖动到所需位置即可。选择"内容感知移动工具"，其工具选项栏如图 6-113 所示。

图 6-113　"内容感知移动工具"选项栏

对"内容感知移动工具"选项栏其中主要选项的解释如下。

- 模式：在该下拉列表中，可以选择"移动"和"扩展"两种模式。其中，"移动"选项是将选取的区域内容移动到其他位置，并自动填充原来的区域；"扩展"选项是将选取的区域内容复制到其他位置，并自动填充原来的区域。
- 适应：在该下拉列表中，可以设置选择区域保留的严格程度，包含"非常严格"、"严格"、"中"、"松散"和"非常松散"五个选项。

打开素材图片，如图 6-114 所示。选择"内容感知移动工具"，在选项栏中将"模式"设置为"移动"，其他选项保持默认设置。在图像中需要移动的区域创建选区，如图 6-115 所示。然后，将光标放在选区内，单击并向画面左侧拖动鼠标，如图 6-116 所示。释放鼠标后，选区内的图像将会被移动到新的位置，效果如图 6-117 所示。

图 6-114　原图像

图 6-115　创建选区

图 6-116　左侧拖动鼠标

图 6-117　图像被移动到新的位置

5. 红眼工具

"红眼工具" ![红眼工具图标]可以去除拍摄照片时产生的红眼。选择"红眼工具"，其选项栏如图6-118所示。在选项栏中，可以设置瞳孔的大小和瞳孔的暗度。

图 6-118 "红眼工具"选项栏

"红眼工具"的使用方法非常简单。打开素材图片，如图6-119所示。选择"红眼工具"，然后在图像中有红眼的位置单击，如图6-120所示，即可去除红眼，效果如图6-121所示。

图 6-119　原图像　　　　　　图 6-120　单击红眼　　　　　　图 6-121　去除红眼

6. 仿制图章工具

"仿制图章工具" ![仿制图章工具图标]是一种复制图像的工具，原理类似于克隆技术。它可以将一幅图像的全部或部分复制到同一幅图像或另一幅图像中。选择"仿制图章工具"后，其选项栏如图6-122所示。

图 6-122　"仿制图章工具"选项栏

对"仿制图章工具"选项栏中主要选项的解释如下。

- 画笔：用于设置画笔的大小及形状等。
- 模式：用于设置仿制图章工具的混合模式。
- 不透明度：用于设置"仿制图章工具"在仿制图像时的不透明度。
- 对齐：用于设置是否在复制时使用对齐功能。
- 样本：用于设置仿制的样本，分别为"当前图层"、"当前和下方图层"和"所有图层"。

打开素材图片，如图6-123所示。选择"仿制图章工具"，将鼠标指针定位在图像中需要复制的位置，按住【Alt】键，光标将变为圆形十字图标 ⊕，此时，单击确定取样点，如图6-124所示。然后，释放鼠标。在画面中合适的位置单击，并按住鼠标左键不放进行涂抹，如图6-125所示，直至复制出样点的图像，如图6-126所示。

图 6-123　打开图片　　　　　　　　　　　图 6-124　单击确定取样点

图 6-125　按住鼠标左键进行涂抹

图 6-126　复制出取样点的图像

7. 图案图章工具

"图案图章工具" 可以将系统自带的或预先定义的图案复制到图像中。选择 "图案图章工具" 后，其工具选项栏如图 6-127 所示。

图 6-127　"图案图章工具" 选项栏

单击 "图案" 按钮，将弹出 "图案" 下拉面板，如图 6-128 所示，可以选取系统预设或已经预定的图案。此时，单击 按钮，从弹出的菜单中可以选择 "新建图案"、"载入图案"、"存储图案" 和 "删除图案" 等命令，如图 6-129 所示。

图 6-128　"图案" 下拉面板

图 6-129　"图案" 菜单

打开素材图片，如图 6-130 所示。选择 "图案图章工具"，在要定义为图案的图像上绘制选区，如图 6-131 所示。然后，执行 "编辑→定义图案" 命令，将弹出 "图案名称" 对话框，如图 6-132 所示。单击 "确定" 按钮，定义选区中的图像为图案，然后，按【Ctrl+D】组合键取消选区。

在 "图案图章工具" 选项栏中，选择定义好的图案，如图 6-133 所示。然后，在画面中合适的位置单击，并按住鼠标左键不放进行涂抹，即可复制出定义好的图案，效果如图 6-134 所示。

图 6-130　打开图片

图 6-131　绘制选区

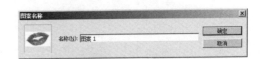

图 6-132　"图案名称"对话框

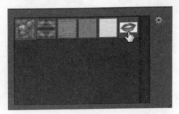

图 6-133　选择定义好的图案

图 6-134　复制定义好的图案

6.4.2　实现步骤

1.修复斑点

Step01：打开素材图片"人物"，如图 6-135 所示。

Step02：执行"文件→存储为"命令，在弹出的对话框中以名称"【综合案例 18】修复照片.psd"保存图像。

Step03：按【Ctrl+J】组合键复制"背景"图层，得到"图层 1"。

Step04：选择"污点修复画笔工具"，在选项栏中选择一个比要修复区域稍大一点的柔和的画笔笔尖，并将"类型"设置为"内容识别"，其他选项保持默认设置，如图 6-136 所示。

图 6-135　素材图片

图 6-136　"污点修复画笔工具"选项栏

Step05：将光标放在斑点处，如图 6-137 所示，单击并拖动鼠标进行涂抹。释放鼠标，污点即被去除，效果如图 6-138 所示。

Step06：继续单击并涂抹其余斑点，即可将斑点全部去除，效果如图 6-139 所示。

图 6-137　将光标放在斑点处

图 6-138　去除一个斑点

图 6-139　去除全部斑点

2.修复皱纹

Step01：选择"修复画笔工具"，在选项栏中选择一个柔和的笔尖，其他选项保持默认设置，如图 6-140 所示。

图 6-140　"修复画笔工具"选项栏

Step02：将图像放大，然后，把光标放在眼角附近没有皱纹的皮肤上，按住【Alt】键，光标将变为圆形十字图标 ⊕，此时，单击进行取样，如图 6-141 所示。释放【Alt】键，在眼角的皱纹处单击并拖动鼠标进行修复，如图 6-142 所示。修复后的效果如图 6-143 所示。

图 6-141　取样

图 6-142　开始修复

Step03：再次按住【Alt】键在眼角周围没有皱纹的皮肤上单击取样，修复另一只眼睛旁边的鱼尾纹。修复完成后，效果如图 6-144 所示。

图 6-143　修复后的图像效果

图 6-144　图像修复完成

动 手 实 践

学习完前面的内容，下面来动手实践一下吧：

请调整如图 6-145 素材，调整后的效果如图 6-146 所示。

图 6-145　调整前

图 6-146　调整后

第⑦章　图层混合模式与蒙版

学习目标
- 掌握图层混合模式的应用，能够控制图层之间的颜色融合。
- 掌握蒙版的应用，知道图层蒙版、剪贴蒙版和矢量蒙版的差异。

图像合成是 Photoshop 标志性的应用领域，在使用 Photoshop 进行图像合成时，应用"图层混合模式"和"蒙版"能够制作出丰富多彩的图像效果。本章将针对"图层混合模式"和"蒙版"进行详细讲解。

7.1　【综合案例 19】草地文字

在 Photoshop 中，通过图层混合模式，可以更好地控制图层之间颜色的融合。本节将使用图层混合模式中常用的"正片叠底"制作草地文字效果，其效果如图 7-1 所示。通过本案例的学习，读者能够了解图层混合模式并掌握"正片叠底"的运用方法。

图 7-1　草地文字

7.1.1　知识储备

1. 认识图层的混合模式

为了实现一些绚丽的效果，在进行图像合成时，经常需要对多个图层进行颜色的融合，这时就需要使用图层的混合模式。混合模式是指一个图层与其下方图层的混合方式，在 Photoshop 中默认的图层混合模式为"正常"，除了"正常"还有很多种混合模式。在"图

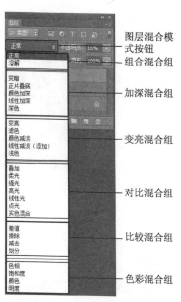

层"面板中,单击"图层混合模式"按钮,会弹出下拉菜单,如图 7-2 所示。

　　由图 7-2 可见,Photoshop 将图层混合模式分为 6 大组,共 27 个混合模式,其中常用的图层混合模式有"正片叠底""叠加""滤色"等("叠加"、"滤色"和其他混合模式见 7.2 小节,此处不作详细介绍,本节详细介绍"正片叠底"混合模式)。

　　值得注意的是,由于混合模式用于控制上下两个图层(本书统一将上方图层称为"混合色"、下方图层称为"基色"、得到的效果称之为"结果色")在叠加时所显示的整体效果,因此通常将上方的图层设置为混合模式。

2. 正片叠底

　　"正片叠底"是 Photoshop CS6 中最常用的图层混合模式之一,通过"正片叠底"模式可以将图像的"基色"与"混合色"混合,得到较暗的"结果色"。单击"图层混合模式"下拉按钮,在弹出的下拉列表中可选择"正片叠底"模式,如图 7-3 所示。

图 7-2　设置图层的混合模式

　　在"正片叠底"模式下,任何颜色与黑色混合产生黑色,如图 7-4 所示。与白色混合保持不变,如图 7-5 所示。与其他颜色混合通常会得到较暗的图像,如图 7-6 所示。

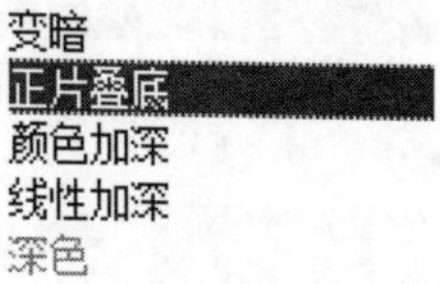

图 7-3　正片叠底

图 7-4　黑色背景

图 7-5　白色背景

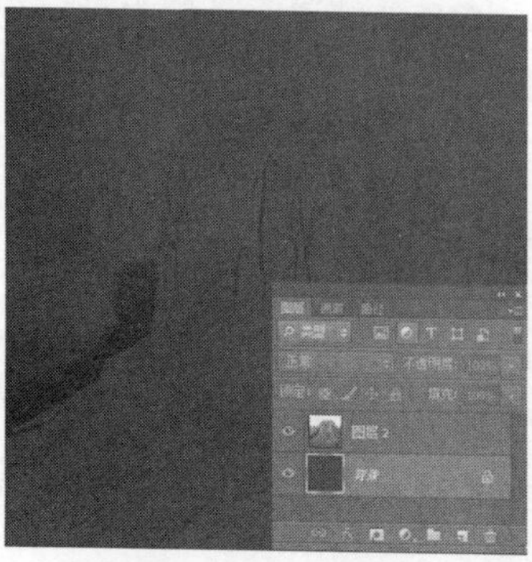

图 7-6　红色背景

因此在进行图像合成时，常用"正片叠底"来添加阴影或保留图像中的深色部分，如图 7-7 所示的"陶瓷杯 Logo"，就是应用"正片叠底"模式制作的。

正常模式下的Logo

"正片叠底"模式下的Logo

图 7-7　陶瓷杯 Logo

7.1.2　实现步骤

1. 添加背景和文字

Step01：按【Ctrl+N】组合键，弹出"新建"对话框。设置"宽度"为 600 像素、"高度"为 600 像素、"分辨率"为 72 像素/英寸、"颜色模式"为 RGB 颜色、"背景内容"为白色，单击"确定"按钮，完成画布的创建。

Step02：执行"文件→存储为"命令，在弹出的对话框中以名称"【综合案例 19】草地文字.psd"保存图像。

Step03：打开素材图片"草地"，选择"移动工具"，将其拖动到新建的画布中，并移动至合适的位置，如图 7-8 所示。

Step04：选择"横排文字工具"，在画布中创建文字"传智播客"，设置"字体"为汉仪方叠体简、"字号"为 90 点、消除锯齿的方法为"浑厚"，如图 7-9 所示。

图 7-8　素材图片

图 7-9　"文字工具"选项栏

Step05：设置前景色为草绿色（RGB：107、145、23），按【Alt+Delete】组合键为文字填充前景色，效果如图 7-10 所示。

2. 设置图层混合模式

Step01：选中文字图层，在"图层"面板中单击"图层混合模式"下拉按钮，如图 7-11 所示。

Step02：在弹出的下拉列表中选择"正片叠底"，此时文字图层的效果将发生变化，如图 7-12 所示。

Step03：选中"传智播客"图层，执行"栅格化文字"命令，如图 7-13 所示。

图 7-10　填充前景色

图层混合模式

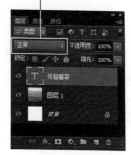

图 7-11　图层混合模式

图 7-12　正片叠底

文字图层　　栅格化文字图层

图 7-13　栅格化文字

Step04：按【Ctrl+T】组合键调出定界框，在定界框上右击，在弹出的菜单中选择"透视"命令，调整文字样式，效果如图 7-14 所示。

Step05：双击"传智播客"图层，在弹出的"图层样式"对话框中选择"内阴影"复选框，单击"确定"按钮。接着，调整图层不透明度为 80%，效果如图 7-15 所示。

图 7-14　透视

图 7-15　内阴影

7.2 【综合案例 20】闪电效果

通过上一节的学习，相信读者已经对图层混和模式有了一定的认识，本节将继续使用图层混和模式中常用的"叠加"和"滤色"制作"闪电效果"，其效果如图 7-16 所示。通过本案例的学习，读者能够掌握"滤色"和"叠加"两种混合模式的运用方法。

图 7-16　闪电效果

7.2.1　知识储备

1. 叠加

"叠加"是"正片叠底"和"滤色"的组合模式。采用此模式合并图像时，图像的中间色调会发生变化，高色调和暗色调区域基本保持不变，如图 7-17 所示。

混合模式为"正常"

混合模式为"叠加"

图 7-17　叠加对比图

通过图 7-17 容易看出，当图像叠加后，图像的高色调和暗色调区域，如"黑色""白色"等没有变化，但图像的中间色调如"褐色""蓝色"等都发生了或明或暗的变化。

鉴于"叠加"的这种特性，通常运用"叠加"来制作图像中的高光、亮色部分，如图 7-18 所示。

图 7-18　高光背景

2. 滤色

"滤色"模式与"正片叠底"模式相反，应用"滤色"模式的合成图像，其结果色将比原有颜色更淡。因此"滤色"通常会用于加亮图像或去掉图像中的暗调色部分，如图 7-19 所示。

图 7-19　滤色

通过图 7-19 中的对比，可见"滤色"就是保留两个图层中较白的部分，并且遮盖较暗部分的一种图层混合模式。

3. 其他图层混合模式

除了上述几种图层混合模式，在使用 Photoshop CS6 进行图像合成时，还会用到其他的图层混合模式。如图 7-20 所示为一个 psd 格式的分层文件，接下来我们调整混合色的图层混合模式，从而观察不同混合模式的不同效果。

- 正常：默认的图层混合模式，用混合色的颜色叠加基层颜色。当图层的不透明度为 100% 时，显示混合色的颜色，如图 7-21 所示。

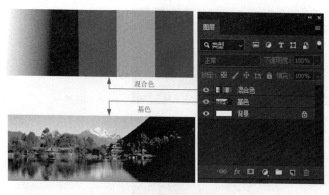

图 7-20　分层文件

图 7-21　正常

- 溶解：使用该混合模式时，结果色的显示同样与不透明度的设置有关，但与"正常"不同的是，该模式的混合色会以一种点状喷雾式的形式混合在基色上。随着不透明度的降低，混合色中的像素点会越来越分散。如图 7-22 所示。
- 变暗：在混合时将绘制的颜色与基色之间的亮度进行比较，亮于基色的颜色都被替换，暗于基色的颜色作为结果色显示出来，如图 7-23 所示。

图 7-22　溶解

图 7-23　变暗

- 颜色加深：通过增加对比度来加强深色区域，基色中的白色保持不变，效果如图 7-24 所示。
- 线性加深：通过减小亮度使像素变暗，效果如图 7-25 所示。

图 7-24　颜色加深

图 7-25　线性加深

- 深色：比较基色和混合色图层的通道值的总和，结果色显示为颜色值较小的颜色，不会产生第三种颜色，效果如图 7-26 所示。

图 7-26　深色

- 变亮：使用"变亮"模式混合时，基色中较亮的像素将被混合色中较亮的像素取代，而基色中较亮的像素保持不变，如图 7-27 所示。

图 7-27　变亮

- 颜色减淡：通过减小对比度来使基色变亮，使颜色变得更加饱满，效果如图 7-28 所示。

图 7-28　颜色减淡

- 线性减淡（添加）：与"线性加深"模式正好相反，该模式是通过增加亮度来减淡颜色，效果如图 7-29 所示。

图 7-29　线性减淡（添加）

- 浅色：比较基色和混合色图层的通道值的总和，结果色显示为颜色值较大的颜色，不会产生第三种颜色，效果如图 7-30 所示。
- 柔光：是根据基色的明暗程度来决定结果色是变亮还是变暗，如图 7-31 所示。

图 7-30　浅色

图 7-31　柔光

- 强光：同柔光一样，是根据图像的明暗程度来决定图像的最终效果是变亮还是变暗。此外，选择"强光"模式还可以产生类似聚光灯照射图像的效果，如图 7-32 所示。

图 7-32　强光

- 亮光：通过增加或降低基色的对比度来加深或减淡图像的颜色，如图 7-33 所示。

图 7-33　亮光

- 线性光：通过增加或降低基色的亮度来加深或减淡图像的颜色，如图 7-34 所示。
- 点光：根据当前图层的亮度来替换颜色，如图 7-35 所示。

图 7-34　线性光

图 7-35　点光

- 实色混合："实色混合"模式是把混合色颜色中的红、绿、蓝通道数值，添加到基色的 RGB 值中，得到的结果色是非常纯的颜色，如图 7-36 所示。

图 7-36　实色混合

- 差值：将混合色与基色颜色的亮度进行对比，用较亮颜色的像素值减去较暗颜色的像素值，如图 7-37 所示。

图 7-37　差值

- 排除："排除"模式和"差值"模式效果类似，但是比"差值"模式的效果要柔和、明亮，具有高对比度和低饱和度的特点，如图 7-38 所示。

图 7-38　排除

● 减去：查看每个通道中的颜色信息，并从基色中减去混合色，如图 7-39 所示。

图 7-39　减去

● 划分：当使用该模式时，如果混合色与基色相同则结果色为白色，如混合色为白色则结果色为基色，如混合色为黑色则结果色为白色，效果如图 7-40 所示。

● 色相："色相"模式是用混合色的色相值去替换基色的色相值，而饱和度与亮度不变。如图 7-41 所示。

图 7-40　划分

图 7-41　色相

● 饱和度：用混合图层的饱和度去替换基层图像的饱和度，而色相值与亮度不变。混合色只改变图片的鲜艳度，不能影响颜色，效果如图 7-42 所示。

注意：在饱和度为 0% 的情况下，选择此模式绘画将不发生变化。

● 颜色：用混合色的色相值与饱和度替换基色的色相值和饱和度，而亮度保持不变。这种模式下混合色控制整个画面的颜色，是黑白图片上色的绝佳模式，因为这种模式下会保留基色图片也就是黑白图片的明度。如图 7-43 所示。

图 7-42　饱和度　　　　　　　　　　　　　图 7-43　颜色

● 明度："明度"模式是指用混合色的亮度值去替换基色的亮度值，而色相值与饱和度不变。跟颜色模式刚好相反，因此混合色图片只能影响图片的明暗度，不能对基色的颜色产生影响，黑、白、灰除外，如图 7-44 所示。

图 7-44　明度

7.2.2　实现步骤

1. 制作背景

Step01：按【Ctrl+N】组合键，弹出"新建"对话框，设置"宽度"为 500 像素、"高度"为 800 像素、"分辨率"为 72 像素/英寸、"颜色模式"为 RGB 颜色、"背景内容"为白色，单击"确定"按钮，完成画布的创建。

Step02：执行"文件→存储为"命令，在弹出的对话框中以名称"【综合案例 20】闪电效果.psd"保存图像。

Step03：打开素材图片"天空"，选择"移动工具" ，将其拖动到新建的画布中，并移动到合适的位置，得到"图层 1"，如图 7-45 所示，。

Step04：按【Ctrl+Shift+Alt+N】组合键新建"图层 2"。选择"渐变工具" ，在"图层 2"中绘制蓝色（RGB：1、140、248）到透明的径向渐变，如图 7-46 所示。

图 7-45　素材图片

图 7-46　径向渐变

Step05：设置"图层 2"的"图层混合模式"为叠加。按【Ctrl+J】组合键复制"图层 2"，得到"图层 2 副本"，按【Shift+Ctrl+Delete】组合键锁定透明图层填充白色背景色，

如图 7-47 所示。

Step06：按【Ctrl+J】组合键复制"图层 2 副本"，得到"图层 2 副本 2"，使显示效果更明显。按【Ctrl+T】组合键调出定界框，调整图层对象至合适大小，按【Enter】键确认自由变换，如图 7-48 所示。

图 7-47　复制图层

图 7-48　再次复制图层

2. 调整闪电素材

Step01：打开素材图片"闪电"，如图 7-49 所示。

Step02：选择"移动工具"，将其拖动到"【综合案例 20】闪电效果.psd"所在的画布中，并移动到合适的位置，得到"图层 3"，如图 7-50 所示。

图 7-49　素材图片

图 7-50　闪电素材

Step03：设置"图层 3"的"图层混合模式"为滤色，这时"图层 3"上会出现一个半透明的边框，如图 7-51 所示。

Step04：按【Ctrl+M】组合键，在弹出的"曲线"对话框中拖动曲线向下弯曲，如图 7-52 所示，直到"图层 3"上的边框消失。单击"确定"按钮。

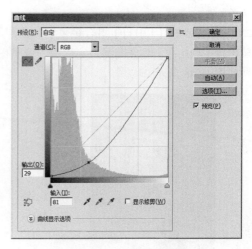

图 7-51　滤色图层混合模式效果　　　　　　　　图 7-52　"曲线"对话框

Step05：按【Ctrl+U】组合键，弹出"色相/饱和度"对话框，选择"着色"复选框。单击"确定"按钮，此时闪电将变为浅蓝色，如图 7-53 所示。

图 7-53　"色相/饱和度"效果

7.3　【综合案例 21】播放器图标

在使用 Photoshop CS6 进行图像合成时，"蒙版"可以隔离和保护选区之外的未选中区域，使其不被编辑，极大地方便了图像的编辑和修改。本节将综合运用前面所学的知识及"蒙版"绘制一款"播放器图标"，其效果如图 7-54 所示。通过本案例的学习，读者能够掌握"蒙版"的基本应用。

图 7-54　播放器图标

7.3.1　知识储备

1. 认识蒙版

在墙体上喷绘一些广告标语时，常会用一些挖空广告内容的板子遮住墙体，然后在上面喷色，将板子拿下后，广告标语就工整的印在墙体上了。这个板子就起到了"蒙版"的作用。"蒙版"可以理解为"蒙在上面的板子"，通过这个"板子"可以保护图层对象中未被选中的区域，使其不被编辑，如图 7-55 所示。

在图 7-55 中，只显示了"环境保护"4 个字作为可编辑区域，不需要显示的部分则可以通过"蒙版"隐藏。当取消"蒙版"时，整个墙体将作为可编辑区域，全部显示在画布中，如图 7-56 所示。

图 7-55　蒙版效果　　　　　　　　　　　图 7-56　取消蒙版

在"蒙版"中，"黑色"为"蒙版"的保护区域，可隐藏未被编辑的图像，"白色"为"蒙版"的编辑区域，用于显示需要编辑的图像部分，"灰色"为"蒙版"的部分保护区域，在此区域的图像会显示半透明状态，如图 7-57 所示。

在 Photoshop CS6 中，主要的蒙版类型有图层蒙版、创建剪贴蒙版和矢量蒙版。

2. 图层蒙版

简单地说，"图层蒙版"就是在图层上直接建立的蒙版，通过对该蒙版进行编辑、隐藏、链接、删除等操作完成图层对象的编辑。

（1）添加图层蒙版

在"图层"面板中单击"添加图层蒙版"按钮▣，即可为选中的图层添加一个"图层蒙版"，如图 7-58 所示。

图 7-57　蒙版中的颜色　　　　　　　　　　图 7-58　添加图层蒙版

（2）显示和隐藏图层蒙版缩览图

按住【Alt】键不放，单击"图层"面板中的图层蒙版缩览图，画布中的图像将被隐藏，只显示蒙版图像，如图 7-59 所示。按住【Alt】键不放，再次单击图层蒙版缩览图，将恢复画布中的图像效果。

图 7-59　显示蒙版图像

（3）图层蒙版的链接

在"图层"面板中，图层缩览图和图层蒙版缩览图之间存在"链接图标"　，用来关联图像和蒙版，当移动图像时，蒙版会同步移动。单击"链接图标"　时，将不再显示此图标，此时可以分别对图像与蒙版进行操作。

（4）停用和恢复图层蒙版

执行"图层→图层蒙版→停用"命令（或按住【Shift】键不放，单击图层蒙版缩览图），可停用被选中的图层蒙版，此时图像将全部显示，如图 7-60 所示。再次单击图层蒙版缩览图，将恢复图层蒙版效果。

（5）删除图层蒙版

执行"图层→图层蒙版→删除"命令（或在图层蒙版缩览图上右击，在弹出的快捷菜单中选择"删除"命令），即可删除被选中的图层蒙版，如图 7-61 所示。

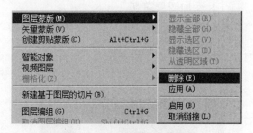

图 7-60　停用图层蒙版　　　　　　　　　图 7-61　删除图层蒙版

多学一招：创建遮盖图层全部的蒙版

执行"图层→图层蒙版→隐藏全部"命令（或按住【Alt】键不放单击"添加图层蒙版"按钮　），可创建一个遮盖图层全部的蒙版，如图 7-62 所示。

此时图层中的图像将会被蒙版全部隐藏，设置前景色为白色，选择"画笔工具"　，在画布中涂抹。即可以显示涂抹区域中的图象，如图 7-63 所示。

图 7-62　遮盖图层全部的蒙版　　　　　　　　图 7-63　显示图像

3. 剪贴蒙版

剪贴蒙版是通过下方图层的形状来限制上方图层的显示状态，达到一种剪贴画效果的蒙版，如图 7-64 所示的"树皮文字"就是应用"剪贴蒙版"制作的。

图 7-64　剪贴蒙版效果

在 Photoshop 中，至少需要两个图层才能"创建剪贴蒙版"，通常把位于下面的图层叫"基底图层"，位于上面的图层叫"剪贴层"。图 7-64 中所示的剪贴蒙版效果就是由一个"文字"基底图层和一个"树皮纹理"的剪贴层组成的，如图 7-65 所示。

选中要作为"剪贴层"的图层，执行"图层→创建剪贴蒙版"命令（或按【Ctrl+Alt+G】组合键），即可用下方相邻图层作为"基底图层"，创建一个剪贴蒙版。"基底图层"的图层名称下会带一条下画线，如图 7-66 所示。

剪贴层

基底图层

DESIGN 文字

图 7-65　基底图层和剪贴层　　　　　　　　图 7-66　基底图层

此外，按住【Alt】键不放，将鼠标指针移动到"剪贴层"和"基底图层"之间单击，也可以创建剪贴蒙版，如图 7-67 所示。

对于不需要的剪贴蒙版可以将其释放掉。选择"基底图层"上方的"剪贴层"，执行"图层→释放剪贴蒙版"命令（或按【Ctrl+Alt+G】组合键）即可释放剪贴蒙版。

注意：可以用一个"基底图层"来控制多个"剪贴层"，但是这些"剪贴层"必须是相邻且连续的。

4. 矢量蒙版

矢量蒙版也叫路径蒙版，它与分辨率无关，任意放大或缩小都不会失真。绘制矢量蒙版时，可以使用钢笔、形状等矢量工具创建。在图像上绘制矢量形状后，执行"图层→矢量蒙版→当前路径"即可为图像创建矢量蒙版，效果如图 7-68 所示。

图 7-67　创建剪贴蒙版

（a）蒙版前　　　　　　　　　（b）矢量蒙版

图 7-68　矢量蒙版

7.3.2　实现步骤

1. 绘制播放器背景

Step01：按【Ctrl+N】组合键，弹出"新建"对话框，设置"宽度"为 800 像素、"高度"为 800 像素、"分辨率"为 72 像素/英寸、"颜色模式"为 RGB 颜色、"背景内容"为白色，单击"确定"按钮，完成画布的创建。

Step02：执行"文件→存储为"命令，在弹出的对话框中以名称"【综合案例 21】播放器图标.psd"保存图像。

Step03：设置前景色为蓝色（RGB：9、73、158），按【Alt+Delete】组合键填充前景色，如图 7-69 所示。

Step04：打开素材图片"云朵"。选择"移动工具" ，将素材拖动到蓝色背景中，并移动至合适位置，使素材铺满整个背景，如图 7-70 所示。

Step05：设置"云朵"素材的图层混合模式为正片叠底，此时画面效果如图 7-71 所示。

Step06：按【Ctrl+Shift+Alt+N】组合键新建"图层 1"。选择"渐变工具" ，在"图层 1"中绘制蓝色（RGB：9、73、158）到透明的径向渐变，如图 7-72 所示。

Step07：选择"椭圆工具" ，在画布中绘制一个正圆形状，得到"椭圆 1"图层。设置"填充"为无颜色、"描边"为白色、"描边宽度"为 1 点、实线，效果如图 7-73 所示。

Step08：在"图层"面板中，设置"椭圆 1"的图层混合模式为叠加，效果如图 7-74 所示。

图 7-69　填充前景色

图 7-70　素材图片

图 7-71　正片叠底

图 7-72　径向渐变

图 7-73　椭圆工具

图 7-74　叠加模式

Step09：选中背景部分的所有图层，按【Ctrl+G】组合键对图层对象进行编组，命名为"播放器背景"。

2. 绘制播放器基本形状

Step01：选择"椭圆工具" ◯，在画布中绘制一个正圆，命名为"外框 4"，将其填充颜色设置为浅蓝色（RGB：176、216、254），如图 7-75 所示。

Step02：按【Ctrl+J】组合键，复制"外框 4"图层，将新得到的新图层命名为"外框 3"。按【Ctrl+Delete】组合键将"外框 3"图层填充为白色。

Step03：按【Ctrl+T】组合键调出定界框，调整"外框 3"图层至合适大小，效果如图 7-76 所示。

图 7-75　绘制椭圆

图 7-76　调整"外框 3"图层

Step04：按【Ctrl+J】组合键，复制"外框 3"图层，将得到的新图层命名为"外框 2"。将"外框 2"设置为深蓝色（RGB：8、64、139），并通过自由变换将其调整至合适大小，如图 7-77 所示。

Step05：选择"自定形状工具" ，在其选项栏中单击 按钮，弹出如图 7-78 所示的下拉面板。

图 7-77　复制图层

图 7-78　下拉面板

Step06：单击 按钮，在弹出的下拉菜单中选择"全部"，如图 7-79 所示。在弹出的对话框中，单击"确定"按钮。

Step07：选择自定义形状下拉面板中的"圆角三角形"，如图 7-80 所示，按住鼠标左键不放，在画布中拖动，即可绘制一个圆角三角形。将得到的新图层命名为"中心按钮"。

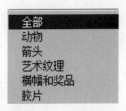

图 7-79　全部形状

图 7-80　圆角三角形

Step08：设置前景色为橙黄色（RGB：255、132、0），按【Alt+Delete】组合键为"圆角三角形"填充前景色。按【Ctrl+T】组合键调出定界框，将"圆角三角形"适当旋转，效果如图 7-81 所示。

Step09：选中属于播放器基本形状的所有图层，按【Ctrl+G】组合键对图层对象进行编组，命名为"播放器形状"。

3. 添加图层样式

Step01：双击"外框 4"图层，在弹出的"图层样式"对话框中选中"斜面和浮雕"选项，设置"大小"为27 像素，阴影模式的"颜色"为浅蓝色（RGB：152、184、219），具体设置如图 7-82 所示。

Step02：选择"渐变叠加"复选框，设置浅蓝色（RGB：173、215、255）到白色的线性渐变、渐变"角度"为 135 度，如图 7-83 所示。"外框 4"的最终效果如图 7-84 所示。

图 7-81　填充前景色

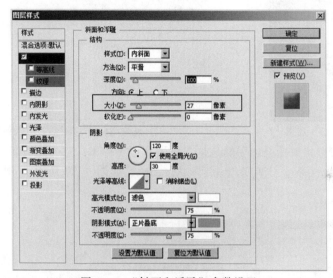

图 7-82　"斜面和浮雕"参数设置

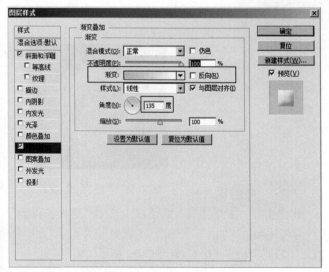

图 7-83　"渐变叠加"参数设置

图 7-84　"外框 4"效果

Step03：双击"外框 3"图层，在弹出的"图层样式"对话框中选中"投影"复选框，设置阴影颜色为深蓝色（RGB：8、68、147），效果如图 7-85 所示。

Step04：双击"外框 2"图层，在弹出的"图层样式"对话框中选中"内阴影"复选框，设置内阴影"大小"为 10 像素，如图 7-86 所示。

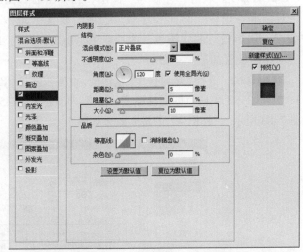

图 7-85 "外框 3"效果   图 7-86 "内阴影"参数设置

Step05：选中"渐变叠加"复选框，设置深蓝（RGB：7、65、139）到浅蓝（RGB：16、104、216）的线性渐变、渐变"角度"为 120°，如图 7-87 所示。"外框 2"的最终效果如图 7-88 所示。

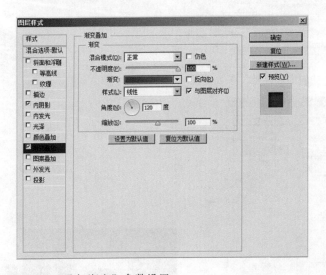

图 7-87 "叠加渐变"参数设置   图 7-88 "外框 2"效果

Step06：双击"中心按钮"图层，在弹出的"图层样式"对话框中选中"斜面和浮雕"复选框，设置"斜面和浮雕"的"样式"为内斜面、"方法"为平滑、"方向"为上、"大小"为 21 像素、阴影"颜色"为淡黄色（RGB：214、162、128），如图 7-89 所示。

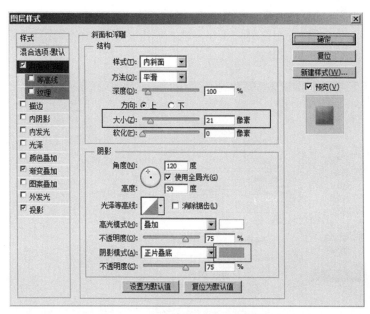

图 7-89　"斜面和浮雕"参数设置

Step07：选中"渐变叠加"复选框，设置橙色（RGB：255、84、0）到浅橙色（RGB：255、132、0）的线性渐变、渐变"角度"为 90°，如图 7-90 所示。

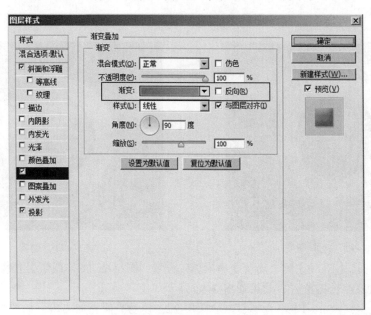

图 7-90　"渐变叠加"参数设置

Step08：选中"投影"复选框，设置"不透明度"为 20%、"距离"和"大小"均为 2 像素，如图 7-91 所示。

4. 添加基本光效

Step01：按【Ctrl+Shift+Alt+N】组合键新建"图层 2"，选择"渐变工具"，在新建

图层中绘制白色到透明的径向渐变。如图 7-92 所示。

Step02：按【Ctrl+T】组合键调出定界框，右击，在弹出的快捷菜单中选择"透视"命令，调整"图层 2"的形状，如图 7-93 所示。

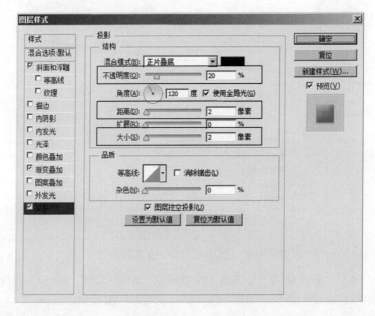

图 7-91 "投影"参数设置

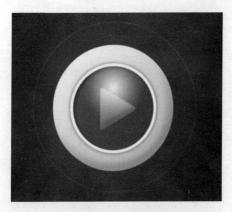

图 7-92 径向渐变

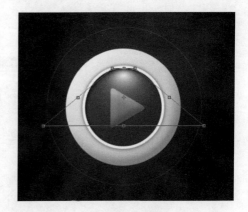

图 7-93 透视

Step03：按【Enter】键，确认变换操作。设置"图层 2"的"图层混合模式"为叠加。然后旋转图层对象至合适位置，效果如图 7-94 所示。

Step04：按【Ctrl+J】组合键复制"图层 2"，使受光面更加突出，如图 7-95 所示。

Step05：按【Ctrl+Shift+Alt+N】组合键新建"图层 3"。选择"椭圆选框工具" ⬭，在其选项栏中设置"羽化"为 1 像素，在新建图层中绘制一个椭圆选区，并填充白色，如图 7-96 所示。按【Ctrl+D】键取消选区。

Step06：运用"移动工具" ⊕ 和自由变换移动旋转"图层 3"至合适位置，效果如图 7-97 所示。

图 7-94　叠加

图 7-95　复制图层

图 7-96　绘制椭圆选区

图 7-97　移动和旋转

Step07：重复运用 Step05 和 Step06 中的方法，新建"图层 4"并再次绘制一个高光点，如图 7-98 所示。

Step08：按【Ctrl+Shift+Alt+N】组合键新建"图层 5"，选择"渐变工具" ■，在新建图层中绘制白色到透明的径向渐变，如图 7-99 所示。

图 7-98　重复操作

图 7-99　径向渐变

Step09：按照 Step02 和 Step03 中的方法调整"图层 5"，得到反光区域，效果如图 7-100 所示。

Step10：选中样式和光效部分的图层，按【Ctrl+G】组合键对图层对象进行编组，命名为"样式和光效"。

5. **制作蒙版光效**

Step01：单击"图层"面板中的"创建新组"按钮 ，创建一个图层组，命名为"蒙版光效"，如图 7-101 所示。

Step02：选择"椭圆选框工具" ，在画布中绘制一个正圆选区，如图 7-102 所示。

Step03：单击"图层"面板中的"添加图层蒙版"按钮 ，为图层组添加一个蒙版，如图 7-103 所示，此时画面中的选区会消失。

图 7-100　绘制反光区域

图 7-101　创建图层组

图 7-102　椭圆选框工具

图 7-103　为图层组添加蒙版

Step04：按住【Ctrl】键不放，单击"图层"面板中的图层蒙版缩览图载入选区。按【Ctrl+Shift+Alt+N】组合键新建"图层 6"，为其填充白色背景色，如图 7-104 所示。

Step05：按【Shift+F6】组合键，在弹出的"羽化选区"对话框中设置"羽化半径"为 5 像素，单击"确定"按钮，如图 7-105 所示。

Step06：通过【↑】、【↓】、【←】、【→】方向键，移动选区至合适位置，如图 7-106 所示。

Step07：按【Delete】键删除选区中的内容。按【Ctrl+D】组合键取消选区，设置"图层 6"的"图层混合模式"为叠加，效果如图 7-107 所示。

图 7-104　载入选区

图 7-105　"羽化选区"对话框

Step08：按【Ctrl+J】组合键复制"图层 6"，得到"图层 6 副本"。将"图层 6 副本"旋转至合适位置，如图 7-108 所示。

图 7-106　移动选区

图 7-107　叠加

图 7-108　复制图层

动　手　实　践

学习完前面的内容，下面来动手实践一下吧：

请使用图 7-109、图 7-110 所示素材，合成如图 7-111 所示图像。

图 7-109　鸟　　　　　　　　图 7-110　花　　　　　　　　图 7-111　花嘴鸟

第 **8** 章 滤 镜

学习目标

- 掌握滤镜库的基本操作，会制作蜡笔画图像效果。
- 掌握模糊滤镜的基本操作，会使用高斯模糊和动感模糊。
- 掌握扭曲滤镜的基本操作，会使用扭曲滤镜打造特殊效果。
- 掌握液化滤镜的基本操作，会使用液化滤镜处理图像。

"滤镜"是 Photoshop 中最具吸引力的功能之一，它就像是一个神奇的魔术师，随手一变，就能让普通的图像呈现出令人惊叹的视觉效果。滤镜不仅用于制作各种特效，还能模拟素描、油画、水彩等绘画效果，本章将对各种滤镜的特点及使用方法进行详细讲解。

8.1 【综合案例 22】蜡笔画效果

"滤镜库"是滤镜的重要组成部分，在"滤镜库"对话框中，不仅可以查看滤镜预览效果，而且能够设置多种滤镜效果的叠加。本节将对图 8-1 中所示的"风景"进行处理，制作一幅带有磨砂质感的蜡笔画，其效果如图 8-2 所示。通过本案例的学习，读者能够使用"滤镜库"及一些常见的滤镜效果处理图像。

图 8-1 原图像

图 8-2 效果图

8.1.1 知识储备

1. 滤镜库

滤镜库是一个整合了"风格化""画笔描边""扭曲""素描"等多个滤镜组的对话框。打开一幅图片，执行"滤镜→滤镜库"命令，即可打开"滤镜库"对话框。对话框的左侧是预览区，中间是 6 组可供选择的滤镜，右侧是参数设置区，具体如图 8-3 所示。

图 8-3 "滤镜库"对话框

对"滤镜库"对话框，对其中主要选项的解释如下：

- 预览区：用于预览滤镜效果。
- 缩放区：单击 ⊞ 按钮，可放大预览区的显示比例，单击 ⊟ 按钮，则缩小显示比例。
- 弹出式菜单：单击 ▾ 按钮，可在打开的下拉菜单中选择一个滤镜。
- 参数设置区："滤镜库"中共包含 6 组滤镜，单击一个滤镜组前的 ▷ 按钮，可以展开该滤镜组，单击滤镜组中的一个滤镜即可使用该滤镜，与此同时，右侧的参数设置区内会显示该滤镜的参数选项。
- 当前使用的滤镜：显示了当前使用的滤镜。
- 效果图层：显示当前使用的滤镜列表，单击"指示效果图层可见性"图标 👁，可以隐藏或显示滤镜。
- 快捷图标：单击"新建效果图层"按钮 🔲，可以创建效果图层。添加效果图层后，可以选取要应用的其他滤镜，从而为图像添加两个或多个滤镜。单击"删除效果图层"按钮 🗑，可删除效果图层。

在"滤镜库"中，选择一个滤镜后，该滤镜的名称就会出现在对话框右下角的滤镜列表中。例如，单击"颗粒"选项，并设置其参数，如图 8-4 所示。

图 8-4 "颗粒"参数设置

单击"新建效果图层"按钮 ▣ ，可以创建一个新的效果图层。然后，选择需要的滤镜效果，即可将该滤镜应用到创建的效果图层中，如图 8-5 所示。

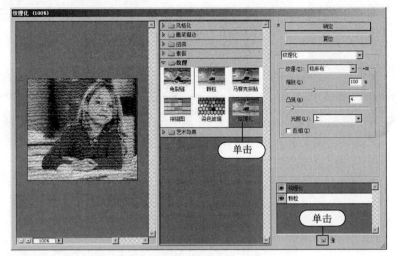

图 8-5　创建效果图层

值得注意的是，滤镜效果图层与图层的编辑方法类似，上下拖动效果图层可以调整它们的顺序，滤镜效果也会发生改变，如图 8-6 所示。

图 8-6　调整效果图层顺序

2. "纹理"滤镜

"纹理"滤镜可为图像增加具有深度感、材质感或组织结构的外观。该滤镜组中包含 6 种不同风格的纹理滤镜，下面介绍常用的"纹理化"滤镜。

"纹理化"滤镜可在图像上应用所选或创建的纹理。打开素材图片，如图 8-7 所示。在"滤镜库"的"纹理"滤镜组中选择"纹理化"滤镜，设置右侧参数，如图 8-8 所示。单击"确定"按钮，效果如图 8-9 所示。

图 8-7　原图像　　　　　图 8-8　参数设置　　　　图 8-9　"纹理化"效果

对"纹理化"滤镜参数中各选项的解释如下。

- 纹理：设置图像粗糙面的纹理类型，包括"砖形"、"粗麻布"、"画布"和"砂岩"4 种。
- 缩放：设置纹理的大小。数值越大，纹理越大，反之则越小。
- 凸现：设置纹理凹凸的程度。
- 光照：设置图像造成阴影效果的光照方向。
- 反相：选中该复选框可将图像凹凸部分的纹理颠倒。

3. "艺术效果"滤镜

"艺术效果"滤镜可以对图像进行多种艺术处理，表现出绘画或天然的感觉。该滤镜组中包含 15 种不同的滤镜效果，下面介绍常用的"粗糙蜡笔"滤镜。

"粗糙蜡笔"滤镜可以制作出使用蜡笔在有质感的画纸上绘制的效果。打开素材图片，如图 8-10 所示。在"滤镜库"的"艺术效果"滤镜组中选择"粗糙蜡笔"滤镜，设置右侧参数，如图 8-11 所示。单击"确定"按钮，效果如图 8-12 所示。

对"粗糙蜡笔"滤镜参数中常用选项的解释如下。

- 描边长度：设置蜡笔描边的长度，值越大，笔触越长。
- 描边细节：设置笔触的细腻程度，数值越大，图像效果越粗糙。

图 8-10　原图像　　　　　图 8-11　参数设置　　　　图 8-12　"粗糙蜡笔"效果

8.1.2　实现步骤

1. 制作蜡笔画效果

Step01：打开素材图片，如图 8-13 所示。

图 8-13　素材图片

Step02：执行"文件→存储为"命令，在弹出的对话框中以名称"【综合案例 22】蜡笔画效果.psd"保存图像。

Step03：按【Ctrl+J】组合键复制"背景"图层，得到"图层 1"。执行"滤镜→滤镜库"命令，弹出"滤镜库"对话框，如图 8-14 所示。

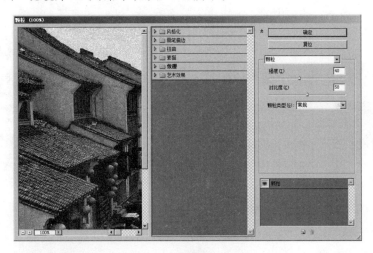

图 8-14　"滤镜库"对话框

Step04：选择对话框中间的"纹理"滤镜，选择"纹理化"滤镜，如图 8-15 所示。设置其右侧参数，如图 8-16 所示。此时，画面效果如图 8-17 所示。

图 8-15　选择"纹理化"滤镜

图 8-16　设置参数

图 8-17 "纹理化"效果

Step05：单击"新建效果图层"按钮 🗐，创建一个新的效果图层，如图 8-18 所示。然后，选择"艺术效果"滤镜中的"粗糙蜡笔"滤镜，如图 8-19 所示。

图 8-18 新建效果图层

图 8-19 选择"粗糙蜡笔"滤镜

Step06：设置右侧参数，如图 8-20 所示。设置完成后，单击"确定"按钮，效果如图 8-21 所示。

图 8-20 参数设置

图 8-21 "粗糙蜡笔"效果

2. 调整颜色

Step01：按【Ctrl+U】组合键，弹出"色相/饱和度"对话框，选择"全图"下拉列表中的"黄色"模式。然后拖动滑块设置色相值，如图 8-22 所示。单击"确定"按钮，效果如图 8-23 所示。

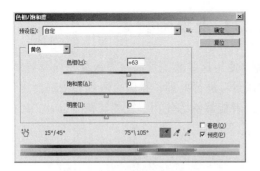
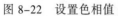

图 8-22　设置色相值

图 8-23　调整色相后效果

Step02：按【Ctrl+M】组合键，弹出"曲线"对话框。在"通道"下拉列表中选择"蓝"，拖动曲线向上弯曲，将该通道调亮，如图 8-24 所示。单击"确定"按钮，效果如图 8-25 所示。

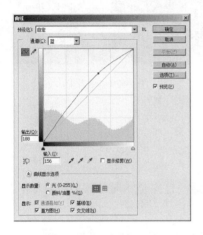

图 8-24　将蓝通道调亮

图 8-25　调整后的效果

Step03：再次按【Ctrl+M】组合键，弹出"曲线"对话框。在"通道"下拉列表中选择"绿"，拖动曲线向上弯曲，将该通道调亮，如图 8-26 所示。单击"确定"按钮，效果如图 8-27 所示。

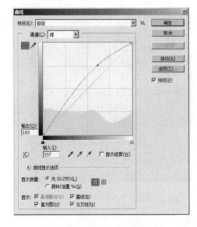

图 8-26　将绿通道调亮

图 8-27　最终效果

8.2 【综合案例 23】水墨画效果

Photoshop CS6 中提供了多种多样的滤镜，使用这些滤镜可以快捷地制作出具有梦幻色彩的艺术效果。本节将对图 8-28 中所示的"风景"进行处理，制作一幅色彩浓郁的水墨画，其效果如图 8-29 所示。通过本案例的学习，读者能够熟练使用"智能滤镜"以及"风格化"滤镜。

图 8-28　原图像

图 8-29　效果图

8.2.1　知识储备

1. 智能滤镜

智能滤镜是一种非破坏性的滤镜，可以达到与普通滤镜完全相同的效果，但却不会真正改变图像中的像素，并可以随时进行修改。

（1）转换为智能滤镜

选择应用智能滤镜的图层，如图 8-30 所示。执行"滤镜→转换为智能滤镜"命令，把图层转换为智能对象，效果如图 8-31 所示。然后选择相应的滤镜，应用后的滤镜会像"图层样式"一样显示在"图层"面板上，如图 8-32 所示。双击图层中的 ▣ 图标，弹出"混合选项"对话框，用于设置滤镜效果选项，如图 8-33 所示。

图 8-30　选择应用智能滤镜的图层

图 8-31　转换为智能对象

值得注意的是，当图层已经是智能对象时，转换为智能对象会变成灰色。

图 8-32　"智能滤镜"图层

图 8-33　"混合选项"对话框

（2）重新排列智能滤镜

当对一个图层应用了多个智能滤镜后，如图 8-34 所示。通过在智能滤镜列表中上下拖动滤镜，可以重新排列它们的顺序，如图 8-35 所示。Photoshop 会按照由下而上的顺序应用滤镜，图像效果也会发生改变。

图 8-34　应用多个智能滤镜的图层

图 8-35　调整智能滤镜的顺序

（3）遮盖智能滤镜

智能滤镜包含一个智能蒙版，编辑蒙版可以有选择性地遮盖智能滤镜，使滤镜只影响图像的一部分。智能蒙版操作原理与图层蒙版完全相同，即使用黑色来隐藏图像，白色来显示图像，而灰色则产生一种半透明效果，如图 8-36 所示。应用智能蒙版后的图片效果如图 8-37 所示。

图 8-36　智能蒙版

图 8-37　应用智能蒙版后的效果

（4）显示与隐藏智能滤镜

如果要隐藏单个滤镜，可以单击该智能滤镜旁边的眼睛图标，如图 8-38 所示。如果要隐藏应用于智能对象图层的所有智能滤镜，则单击"智能滤镜"图层旁边的眼睛图标（或者执行"图层→智能滤镜→停用智能滤镜"命令），如图 8-39 所示。如果要重新显示智能滤镜，可在滤镜的眼睛图标处单击。

图 8-38　隐藏单个滤镜

图 8-39　隐藏所有滤镜

2．"风格化"滤镜

"风格化"滤镜通过置换图像像素并查找和增加图像中的对比度，产生各种不同的作画风格效果。此滤镜组中包括 9 种不同风格的滤镜。下面介绍常用的 2 个"风格化"滤镜。

（1）"等高线"滤镜

"等高线"滤镜主要用于查找亮度区域的过度，使其产生勾画边界的线稿效果。打开素材图片，如图 8-40 所示。执行"滤镜→风格化→等高线"命令，弹出"等高线"对话框，如图 8-41 所示。

在该对话框中，"色阶"用于设置边缘线的色阶值；"边缘"用于设置图像边缘的位置，包括"较低"和"较高"两个选项。单击"确定"按钮，效果如图 8-42 所示。

图 8-40　原图像

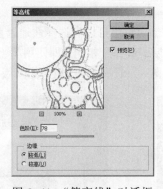

图 8-41　"等高线"对话框

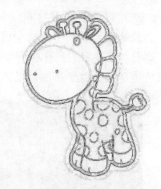

图 8-42　效果图

（2）"风"滤镜

"风"滤镜可以使图像产生细小的水平线，以达到不同"风"的效果。打开素材图片，如图 8-43 所示。执行"滤镜→风格化→风"命令，弹出"风"对话框，如图 8-44 所示。

在该对话框中，"方法"用于设置风的作用形式，包括"风"、"大风"和"飓风"3 种形式。"方向"用于设置风源的方向，包括"从右"和"从左"两个方向。单击"确定"按钮，效果如图 8-45 所示。

图 8-43　原图像　　　　　图 8-44　"风"对话框　　　　图 8-45　效果图

8.2.2　实现步骤

1. 调整颜色

Step01：打开素材图片，如图 8-46 所示。

图 8-46　素材图片

Step02：执行"文件→存储为"命令，在弹出的对话框中以名称"【综合案例 23】水墨画效果.psd"保存图像。

Step03：按【Ctrl+J】组合键，复制"背景"图层，得到"图层 1"。

Step04：选中"图层 1"，选择"画笔工具" ，在选项栏中选择一个柔和的画笔笔尖，并设置合适的不透明度，如图 8-47 所示。然后，设置前景色为蓝色，使用画笔工具将天空涂抹为蓝色，效果如图 8-48 所示。

Step05：选中"图层 1"，按【Ctrl+B】组合键，弹出"色彩平衡"对话框。拖动滑块调节图像的色彩平衡值，如图 8-49 所示。单击"确定"按钮，效果如图 8-50 所示。

模式：　正常　　　　不透明度：60%　　　流量：100%

图 8-47　"画笔工具"选项栏

图 8-48　将天空涂抹为蓝色

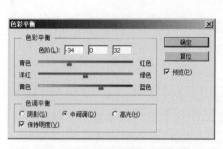

图 8-49　"色彩平衡"对话框

图 8-50　"色彩平衡"效果

Step06：选择"套索工具" ⬭，设置其选项栏中的"羽化"值为 10 像素，如图 8-51 所示。然后，使用"套索工具"选取水面所在的选区，如图 8-52 所示。

图 8-51　"套索工具"选项栏

图 8-52　选取水面选区

Step07：按【Ctrl+M】组合键打开"曲线"对话框，在"通道"下拉列表中选择"蓝"，拖动曲线向上弯曲，如图 8-53 所示，单击"确定"按钮。按【Ctrl+D】组合键取消选区，效果如图 8-54 所示。

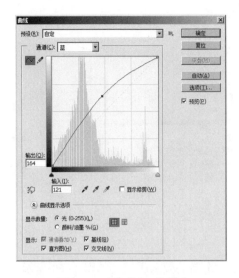

图 8-53　"曲线"对话框　　　　　　　　　图 8-54　调节后的效果

2. 添加滤镜效果

Step01：按【Ctrl+J】组合键复制"图层 1"，得到"图层 1 副本"，如图 8-55 所示。执行"滤镜→转换为智能滤镜"命令，将弹出提示框，如图 8-56 所示。单击"确定"按钮即可把图层转换为智能对象，如图 8-57 所示。

图 8-55　复制"图层 1"　　　　　　　　　图 8-56　弹出提示框

图 8-57　转换为智能对象

Step02：执行"滤镜→滤镜库"命令，打开"滤镜库"对话框。选择"艺术效果"滤镜下的"水彩"滤镜，如图 8-58 所示。设置其右侧参数，如图 8-59 所示。

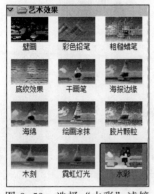

图 8-58　选择"水彩"滤镜

图 8-59　设置参数

Step03：单击"新建效果图层"按钮，创建一个新的效果图层，如图 8-60 所示。然后，选择"艺术效果"滤镜中的"粗糙蜡笔"滤镜，如图 8-61 所示。

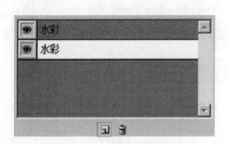

图 8-60　新建效果图层

图 8-61　选择"粗糙蜡笔"命令

Step04：设置右侧参数，如图 8-62 所示。设置完成后，单击"确定"按钮，效果如图 8-63 所示。

图 8-62　设置参数

图 8-63　"粗糙蜡笔"效果

Step05：选中"图层 1"，将其置于顶层，如图 8-64 所示。执行"滤镜→风格化→等高线"命令，弹出"等高线"对话框，设置各项参数，如图 8-65 所示。单击"确定"按钮，效果如图 8-66 所示。

图 8-64　将"图层 1"置于顶层

图 8-65　"等高线"对话框

Step06：选中"图层 1"，按【Ctrl+Shift+U】组合键对图像进行去色，效果如图 8-67 所示。

图 8-66　应用"等高线"效果

图 8-67　"去色"效果

Step07：在"图层"面板中设置图层的混合模式为正片叠底，效果如图 8-68 所示。

图 8-68　设置混合模式

Step08：选中"图层 1"，在"图层"面板中单击"添加矢量蒙版"按钮，给"图层 1"添加蒙版，如图 8-69 所示。

Step09：设置前景色为黑色，选择"画笔工具"，并设置合适的笔尖大小，涂抹图像中不需要的像素，如图 8-70 所示。

图 8-69　给"图层 1"添加蒙版

图 8-70　涂抹不需要的像素

Step10：选中"图层 1 副本"，并单击"图层 1 副本"下"智能滤镜"的缩览图，如图 8-71 所示。选择"画笔工具" ，设置合适的笔尖大小，涂抹图像招牌上的文字和灯笼，使其变得清晰，效果如图 8-72 所示。

图 8-71　选择"智能蒙版"

图 8-72　最终效果

8.3　【综合案例 24】荷花素描

滤镜不仅可以对图像中的像素进行操作，也可以模拟一些特殊的光照效果或带有装饰性的绘画艺术效果。本节将对图 8-73 中所示的"荷花"进行处理，制作一幅淡雅的素描荷花，其效果如图 8-74 所示。通过本案例的学习，读者能够轻松使用"画笔描边"滤镜及"其他"滤镜。

图 8-73　原图像

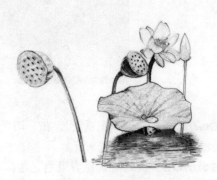

图 8-74　效果图

8.3.1 知识储备

1. "其他"滤镜

"其他"滤镜可用来修饰蒙版、进行快速的色彩调整和在图像内移动选区，此滤镜组中包括 5 种不同风格的滤镜。下面介绍常用的"最小值"滤镜。

"最小值"滤镜可以向外扩展图像的黑色区域并向内收缩白色区域，从而产生模糊、暗化般的效果。打开素材图片，如图 8-75 所示。执行"滤镜→其他→最小值"命令，弹出"最小值"对话框，如图 8-76 所示。在该对话框中，"半径"用来设置像素之间颜色过渡的半径区域。单击"确定"按钮，效果如图 8-77 所示。

图 8-75 原图像　　图 8-76 "最小值"对话框　　图 8-77 效果图

2. "画笔描边"滤镜

"画笔描边"滤镜使用画笔和油墨来产生特殊的绘画艺术效果，该滤镜组中包括 8 个滤镜。下面介绍常用的"深色线条"滤镜。

"深色线条"滤镜使用长的、白色的线条绘制图像中的亮区域；使用短的、密的线条绘制图像中与黑色相近的深色暗区域，从而使图像产生黑色阴影风格的效果。打开素材图片，如图 8-78 所示。在"滤镜库"对话框的"画笔描边"滤镜组中选择"深色线条"滤镜，并设置其参数，如图 8-79 所示。单击"确定"按钮，效果如图 8-80 所示。

图 8-78 原图像　　图 8-79 参数设置　　图 8-80 效果图

8.3.2 实现步骤

1. 制作素描效果

Step01：打开素材图片，如图 8-81 所示。

Step02：执行"文件→存储为"命令，在弹出的对话框中以名称"【综合案例 24】风景素描.psd"保存图像。

Step03：按【Ctrl+J】组合键，复制"背景"图层，得到"图层 1"。按【Ctrl+Shift+U】组合键对图像进行"去色"操作，效果如图 8-82 所示。

Step04：按【Ctrl+J】组合键复制"图层 1"，得到"图层 1 副本"。按【Ctrl+I】组合键对图像进行"反相"操作，效果如图 8-83 所示。

图 8-81　素材图片　　　　　图 8-82　"去色"效果　　　　图 8-83　"反相"效果

Step05：选中"图层 1 副本"，在"图层"面板中设置图层的混合模式为颜色减淡，此时，图层中的图像变得不可见，只显示白色背景。

Step06：执行"滤镜→其他→最小值"命令，弹出"最小值"对话框，设置"半径"为 1 像素，如图 8-84 所示。单击"确定"按钮，效果如图 8-85 所示。

图 8-84　"最小值"对话框　　　　　　　　图 8-85　"最小值"效果

Step07：选中"图层 1 副本"图层，在"图层"面板中单击"添加图层样式"按钮 fx，弹出"图层样式"对话框。选择"混合选项"选项。

Step08：在"图层样式"对话框中，按住【Alt】键不放，拖动"下一图层"滑块，滑块将变为两部分，如图 8-86 所示。单击"确定"按钮，效果如图 8-87 所示。

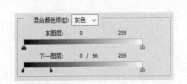 

图 8-86　拖动"下一图层"滑块　　　　图 8-87　调整"混合颜色带"后的效果

2. 修饰图像细节

Step01：选中"图层 1"和"图层 1 副本"，按【Ctrl+E】组合键将它们合并，得到默认名为"图层 1 副本"的新图层。

Step02：按【Ctrl+J】组合键复制"图层 1 副本"图层，得到"图层 1 副本 2"图层。执行"滤镜→滤镜库"命令，弹出"滤镜库"对话框。选择"画笔描边"滤镜组中的"深色线条"滤镜，如图 8-88 所示。设置"深色线条"右侧参数，如图 8-89 所示。单击"确定"按钮，效果如图 8-90 所示。

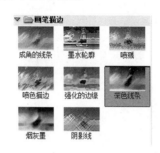

图 8-88　选择"深色线条"滤镜　　　　图 8-89　设置"深色线条"右侧参数

Step03：选中"图层 1 副本 2"图层，在"图层"面板中设置图层的混合模式为正片叠底，效果如图 8-91 所示。

图 8-90　"深色线条"效果　　　　　　图 8-91　"正片叠底"效果

Step04：选中"图层 1 副本 2"图层，在"图层"面板中单击"添加图层蒙版"按钮，给"图层 1 副本 2"图层添加图层蒙版，如图 8-92 所示。

Step05：设置前景色为黑色，选择"画笔工具"，并设置合适的笔尖大小，涂抹图像中的部分边缘，将边缘颜色减淡，效果如图 8-93 所示。

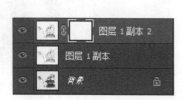

图 8-92　添加图层蒙版　　　　　　　图 8-93　边缘颜色减淡效果

Step06：按【Shift+Ctrl+Alt+E】组合键盖印所有可见图层，得到"图层 1"。然后，按【Ctrl+B】组合键，将弹出"色彩平衡"对话框，拖动滑块调节图像的色彩平衡值，如图 8-94 所示。然后，单击"确定"按钮，效果如图 8-95 所示。

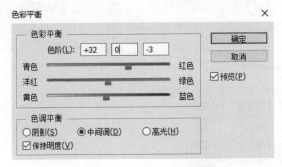

图 8-94　"色彩平衡"对话框

图 8-95　最终效果

8.4　【综合案例 25】人物瘦身

"液化"滤镜可用于推拉、旋转、折叠和膨胀图像的任意区域，因此可以实现图像的特殊效果。本节将对图 8-96 中所示的"瑜伽人物"进行瘦身，其效果如图 8-97 所示。通过本案例的学习，读者能够掌握"液化"滤镜的基本应用。

图 8-96　瑜伽人物

图 8-97　瘦身后效果图

8.4.1　知识储备

"液化"滤镜

"液化"滤镜具有强大的变形及创建特效的功能。执行"滤镜→液化"命令（或按【Shift+Ctrl+X】组合键），弹出"液化"对话框。在对话框右侧选择"高级模式"复选框后，对话框参数如图 8-98 所示。

图 8-98　"液化"对话框

对"液化"对话框中主要选项的解释如下。

（1）工具按钮

工具按钮区域主要包括执行液化的各种工具。从上至下依次是"向前变形工具"、"重建工具"、"顺时针旋转扭曲工具"、"褶皱工具"、"膨胀工具"、"左推工具"、"冻结蒙版工具"、"解冻蒙版工具"、"抓手工具"和"缩放工具"。下面对常用的液化工具进行讲解。

- "向前变形工具" ：通过在图像上拖动，向前推动图像而产生变形。
- "重建工具" ：通过绘制变形区域，能够部分或全部恢复图像的原始状态。
- "冻结蒙版工具" ：通过在图像上涂抹，能够将不需要液化的区域创建为冻结的蒙版。
- "解冻蒙版工具" ：通过在图像上涂抹可以擦除冻结的蒙版区域。

（2）工具选项

工具选项区域主要用于设置当前选择工具的各种属性，如画笔大小、画笔密度、画笔压力等。

（3）重建选项

通过下面的"重建"和"全部恢复"两个按钮可以选择重建液化的方式。具体说明如下。

● 重建：单击"重建"按钮，弹出"恢复重建"对话框，如图 8-99 所示，在对话框中输入数值，可以将未冻结的区域逐步恢复为初始状态。

图 8-99   "恢复重建"对话框

值得注意的是，输入的数值越小，恢复的力度越强。例如将数值设为 0，图像即恢复为初始状态。

● 恢复全部：单击"恢复全部"按钮可以一次性恢复全部未冻结的区域。

（4）蒙版选项

主要用于设置蒙版的创建方式。其中，单击"全部蒙住"按钮冻结整个图像；单击"全部反相"按钮反相所有的冻结区域；单击"无"按钮则取消所有蒙版。

（5）视图选项

主要是用来定义当前图像、蒙版以及背景图像的显示方式。

使用"液化"可以快速对图像进行变形，选择对话框中的"显示网格"复选框可以更清晰地显示变形效果，如图 8-100 所示。

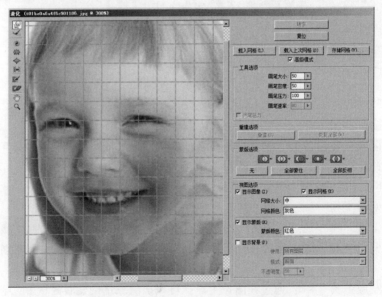

图 8-100   选择"显示网格"复选框

8.4.2   实现步骤

Step01：打开素材文件"瑜伽人物"，如图 8-101 所示，得到"背景"图层，按【Ctrl+J】组合键，复制背景图层，得到"图层 1"。

Step02：执行"文件→存储为"命令，在弹出的对话框中以名称"【综合案例 25】人物瘦身.psd"保存图像。

图 8-101 "瑜伽人物"

Step03：执行"滤镜→液化"命令（或按【Shift+Ctrl+X】组合键），打开"液化"对话框，在对话框右侧选择"高级模式"复选框后，对话框参数如图 8-102 所示。

图 8-102 "液化"对话框

Step04：选择"冻结蒙版工具" ，在"工具选项"中设置各项参数，如图 8-103 所示。然后在人物腿部进行涂抹，以防后面的变形操作对其产生影响，如图 8-104 所示。

Step05：选择"向前变形工具" ，在"工具选项"中设置各项参数，如图 8-105 所示。将光标置于人物的肚子处向里拖动鼠标，进行变形操作，如图 8-106 所示。

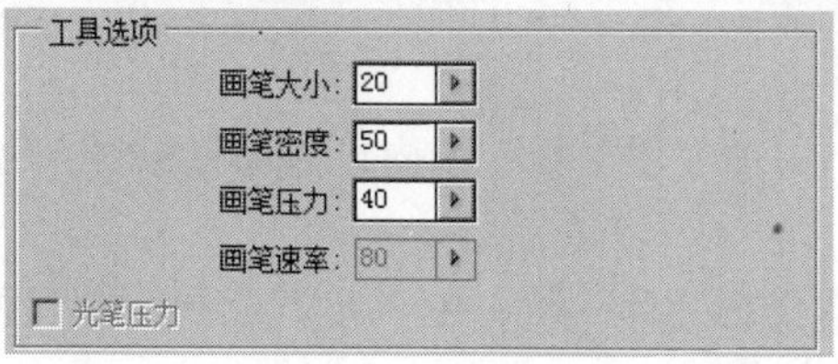

图 8-103 设置"冻结蒙版工具"参数

图 8-104　涂抹冻结区域

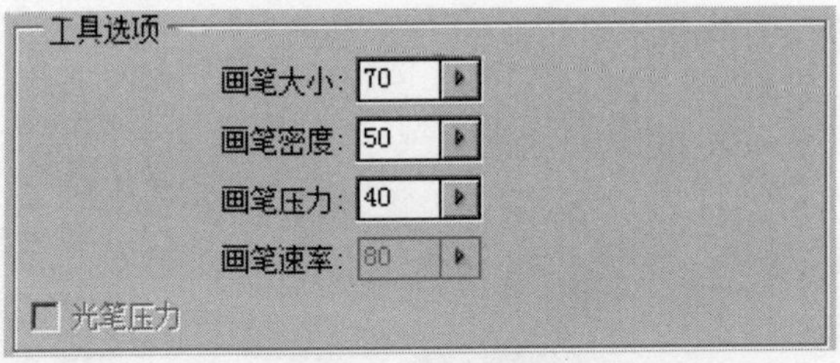

图 8-105　设置参数

图 8-106　变形

Step06：继续使用"向前变形工具" 向里拖动鼠标将人物胸部及肚子进行变形，效果如图 8-107 所示。

Step07：选择"冻结蒙版工具" ，在"工具选项"中设置各项参数，如图 8-108 所示。然后在人物腿部进行涂抹，以防后面的变形操作对其产生影响，如图 8-109 所示。

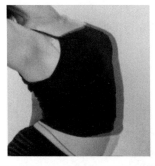

图 8-107　胸部及肚子变形效果　　图 8-108　设置"冻结蒙版工具"参数　　图 8-109　涂抹冻结区域

Step08：将光标依次置于人物胳膊、背部及腿部，继续使用"向前变形工具" 🖐 拖动鼠标，依次将人物胳膊、背部及腿部进行变形，效果如图 8-110 所示。

Step09：选择"解冻蒙版工具" 📝，在腿部蒙版处进行涂抹，解冻蒙版，如图 8-111 所示。

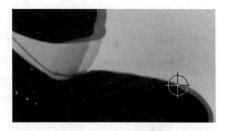

图 8-110　瘦身变形　　　　　　　　　　　　图 8-111　解冻蒙版

Step10：再次选择"向前变形工具" 🖐，将光标置于腿部处，按住鼠标左键拖动鼠标进行变形，效果如图 8-112 所示。单击"确定"按钮完成变形，最终效果如图 8-113 所示。

图 8-112　完成瘦身

图 8-113　瘦身最终效果图

注意：在实际操作过程中，可以根据需要对笔刷大小进行调节。

8.5 【综合案例 26】下雨天

在前面几个小节中，我们可以通过"滤镜"对图片进行处理以得到一些特殊效果。例如雨、木质纹理等。本节将如图 8-114 所示的原图像制作下雨天效果，案例效果如图 8-115 所示。通过本案例的学习，读者能够掌握常用的"杂色"滤镜与"模糊"滤镜。

图 8-114　原图像

图 8-115　效果图

8.5.1　知识储备

1. "杂色"滤镜

"杂色"滤镜组中包含 5 种滤镜，它们可以添加或去除杂色，以创建特殊的图像效果。下面介绍常用的"添加杂色"滤镜。

执行"滤镜→杂色→添加杂色"命令，弹出"添加杂色"对话框，如图 8-116 所示。该滤镜可以在图像中添加一些细小的颗粒，以产生杂色效果，效果如图 8-117 所示。

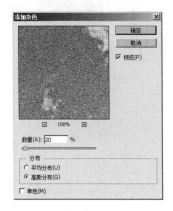

图 8-116 "添加杂色"对话框　　　　　　图 8-117 "添加杂色"效果

对"添加杂色"对话框中的"数量"、"分布"及"单色"选项的解释如下：

● 数量：用于设置杂色的数量。

● 分布：用于设置杂色的分布方式。选择"平均分布"，会随机地在图像中加入杂点，效果比较柔和；选择"高斯分布"，会沿一条钟形曲线分布的方式来添加杂点，杂点较强烈。

● 单色：选择"单色"复选框，如图 8-118 所示，杂点只影响原有像素的亮度，像素的颜色不会改变，效果如图 8-119 所示。

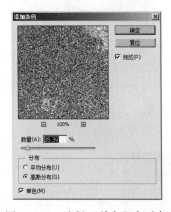

图 8-118 选择"单色"复选框　　　　　　图 8-119 "添加杂色"效果

2. "模糊"滤镜

"模糊"滤镜组中包含 14 种滤镜，它们可以柔化图像、降低相邻像素之间的对比度，使图像产生柔和、平滑的过渡效果。下面介绍常用的 3 个模糊滤镜。

（1）"高斯模糊"滤镜

"高斯模糊"滤镜可以使图像产生朦胧的雾化效果。打开如图 8-120 所示的素材图片，执行"滤镜→模糊→高斯模糊"命令，将弹出"高斯模糊"对话框，如图 8-121 所示。

在图 8-121 所示的对话框中，"半径"用于设置模糊的范围，数值越大，模糊效果越强烈。应用"高斯模糊"后的画面效果如图 8-122 所示。

 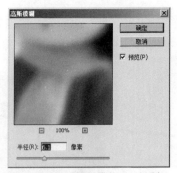 

图 8-120　原图　　　　图 8-121　"高斯模糊"对话框　　　图 8-122　"高斯模糊"效果

（2）"动感模糊"滤镜

　　"动感模糊"滤镜可以使图像产生速度感效果，类似于给一个移动的对象拍照。打开如图 8-123 所示的素材图片，执行"滤镜→模糊→动感模糊"命令，弹出"动感模糊"对话框，如图 8-124 所示。

 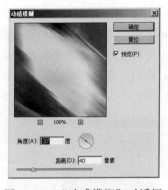

图 8-123　原图像　　　　　　　图 8-124　"动感模糊"对话框

　　在图 8-124 所示的对话框中，"角度"用于设置模糊的方向，可拖动指针进行调整；"距离"用于设置像素移动的距离。应用"动感模糊"后的画面效果如图 8-125 所示。

图 8-125　"动感模糊"效果

（3）径向模糊

　　"径向模糊"滤镜可以模拟缩放或旋转的相机所产生的效果。打开如图 8-126 所示的素材图片，执行"滤镜→模糊→径向模糊"命令，弹出"径向模糊"对话框，如图 8-127 所示。

图 8-126　原图像

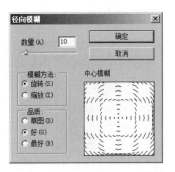

图 8-127　"径向模糊"对话框

在图 8-127 所示的对话框中，"数量"用于设置模糊的强度，数值越大，模糊效果越强烈。模糊方法有"旋转"和"缩放"两种。其中，"旋转"是围绕一个中心形成旋转的模糊效果，如图 8-128 所示；"缩放"是以模糊中心向四周发射的模糊效果，如图 8-129 所示。

图 8-128　"旋转"效果

图 8-129　"缩放"效果

8.5.2　实现步骤

1. 制作雨丝效果

Step01：打开图片素材"下雨天"，如图 8-130 所示。

Step02：执行"文件→存储为"命令，在弹出的对话框中以名称"【综合案例 26】下雨天.psd"保存图像。

Step03：按下【Ctrl+Shift+Alt+N】组合键，新建"图层 1"。

Step04：设置前景色为黑色，使用【Alt+Delete】组合键为"图层 1"填充前景色。

Step05：选中"图层 1"，执行"滤镜→杂色→添加杂色"命令，打开"添加杂色"对话框，设置"数量"为 75%、"分布"为高斯分布、勾选"单色"复选框，如图 8-131 所示。单击"确定"按钮，效果如图 8-132 所示。

Step06：执行"滤镜→模糊→高斯模糊"命令，打开"高斯模糊"对话框，设置"半径"为 0.5 像素，如图 8-133 所示。单击"确定"按钮，效

图 8-130　素材"下雨天"

果如图 8-134 所示。

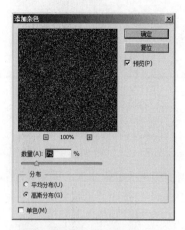

图 8-131 "添加杂色"对话框

图 8-132 "添加杂色"效果

图 8-133 "高斯模糊"对话框

图 8-134 "高斯模糊"效果

Step07：执行"滤镜→模糊→动感模糊"命令，打开"动感模糊"对话框。设置"角度"为 80 度、"距离"为 50 像素，如图 8-135 所示。单击"确定"按钮，效果如图 8-136 所示。

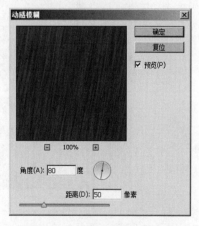

图 8-135 "动感模糊"对话框

图 8-136 "动感模糊"效果

Step08：执行"图像→调整→色阶"命令（或按【Ctrl+L】组合键），打开"色阶"对话框，拖动滑块或者在滑块下面的文本框中输入数值，如图 8-137 所示。单击"确定"按钮，效果如图 8-138 所示。

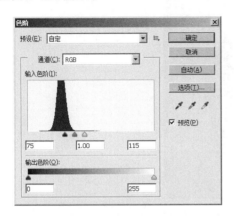

图 8-137　"色阶"对话框

图 8-138　"色阶"调节效果

2. 融入画面背景并调整细节

Step01：选中"图层 1"，将图层面板中的"图层混合模式"改为滤色。此时，画面效果如图 8-139 所示。

Step02：将"图层 1"的"不透明度"设置为 60%，此时，图像效果如图 8-140 所示。

图 8-139　"滤色"效果

图 8-140　修改"不透明度"效果

Step03：在"图层"面板下方单击"添加图层蒙版"按钮，为"图层 1"添加蒙版，将前景色设置为"黑色"。

Step04：选择"画笔工具"，在其选项栏中设置"不透明度"为 100%、"流量"为 37%，在蒙版中进行涂抹，将画面上方和下方"雨水"擦除，如图 8-141 所示。

图 8-141　擦除多余雨水

8.6　【综合案例 27】暮光之城

　　"渲染"滤镜组作为 Photoshop CS6 中比较常用的滤镜，常用来绘制"光晕"及"云彩"特效。本节将使用其中的"镜头光晕"滤镜对图 8-142 所示的"城市"进行处理，最后得到图 8-143 所示的"暮光之城"效果。通过本案例的学习，读者能够掌握"镜头光晕"滤镜的基本应用。

图 8-142　"城市"原图

图 8-143　"暮光之城"效果展示

8.6.1　知识储备

"渲染"滤镜

　　"渲染"滤镜组中包含 5 种滤镜，它们可以在图像中创建云彩形状的图案，设置照明效果或通过镜头产生光晕效果。下面介绍常用的两个"渲染"滤镜。

　　（1）"镜头光晕"滤镜

　　"镜头光晕"滤镜可以模拟亮光照射到相机镜头所产生的折射，常用来表现玻璃、金属等反射的反射光，或用于增强日光和灯光效果。执行"滤镜→渲染→镜头光晕"命令，弹出"镜头光晕"对话框,如图 8-144 所示。

在图 8-144 所示的对话框中,通过单击图像缩略图或直接拖动十字线,可以指定光晕中心的位置;拖动"亮度"滑块,可以控制光晕的强度;在"镜头类型"选项区中,可以选择不同的镜头类型。

图 8-145 和图 8-146 所示为使用"镜头光晕"滤镜前后的对比效果。

图 8-144 "镜头光晕"对话框

图 8-145 原图像

（2）"云彩"滤镜

"云彩"滤镜可以使用介于前景色与背景色之间的随机值生成柔和的云彩图案。执行"滤镜→渲染→云彩"命令即可创建云彩图案。图 8-147 所示即为使用"云彩"滤镜生成的图像。

图 8-146 使用"镜头光晕"滤镜后的效果

图 8-147 "云彩"滤镜效果

8.6.2 实现步骤

1. 绘制阳光

Step01:打开素材图片,如图 8-148 所示。

Step02:执行"文件→存储为"命令,在弹出的对话框中以名称"【综合案例 27】暮光之城.psd"保存图像。

Step03:按【Ctrl+Shift+Alt+N】组合键新建"图层 1"。将前景色设置为黑色,按【Alt+Delete】组合键进行填充。

图 8-148 原图像

Step04：选中"图层 1"，执行"滤镜→渲染→镜头光晕"命令，弹出的"镜头光晕"对话框，拖动图像缩略图中的十字线至合适的位置，同时设置 "亮度"为 100，"镜头类型"为 50-300 毫米变焦，如图 8-149 所示。单击"确定"按钮，此时画面效果如图 8-150 所示。

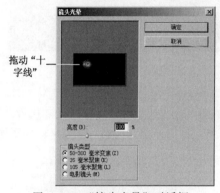

图 8-149 "镜头光晕"对话框

图 8-150 "镜头光晕"效果

Step05：在"图层"面板中将 "图层 1"的图层的混合模式设置为颜色减淡，此时画面中将出现阳光，效果如图 8-151 所示。

Step06：按【Ctrl+T】组合键调出定界框。将鼠标指针置于定界框角点处，按【Alt+Shift】组合键，将"图层 1"缩放至合适的大小，并旋转一定的角度。接着选择"移动工具"，将"图层 1"移动至合适的位置，效果如图 8-152 所示。

图 8-151 颜色减淡

图 8-152 移动及缩放"图层 1"

Step07：对"图层 1"应用图层蒙版。将前景色设置为黑色，选择 "画笔工具"，在其选项栏中设置"笔尖形状"为柔边圆、"笔刷大小"为 250 像素、"硬度"为 0%、"不透明度"为 100%、"流量"为 100%，在画面中涂抹，如图 8-153 所示，以擦除不需要的光照，效果如图 8-154 所示。

图 8-153 涂抹画面 图 8-154 光照效果

2. 为天空上色

Step01：选择"背景"图层，按【Ctrl+Shift+Alt+N】组合键，在"背景"图层之上新建"图层 2"。

Step02：将前景色设置为棕黄色（RGB：218、196、146）。选择"画笔工具" ✎，在其选项栏中设置"笔尖形状"为柔边圆、"笔刷大小"为 300 像素、"硬度"为 0%、"不透明度"为 58%、"流量"为 100%，在画面中涂抹，为天空上色，使光照更加突出，效果如图 8-155 所示。

Step03：在"图层"面板中将"图层 2"的图层的混合模式设置为正片叠底，效果如图 8-156 所示。

图 8-155 为天空上色 图 8-156 正片叠底

3. 添加云层

Step01：将素材图像"云层"导入画面中，效果如图 8-157 所示。

Step02：按【Ctrl+T】组合键调出定界框，将"云层"缩放至合适的大小，并按【Enter】键确认自由变换，效果如图 8-158 所示。

Step03：在"云层"缩览图上右击，对其执行"栅格化图层"命令。

Step04：按【Ctrl+U】组合键调出"色相/饱和度"对话框，拖动"饱和度"滑块，将"饱和度"设置为-100，对"云层"进行去色，效果如图 8-159 所示。

图 8-157 拖入云层

图 8-158 缩放云层

图 8-159 将"云层"去色

Step05：按下【Ctrl+M】组合键，弹出"曲线"对话框，拖动曲线向下弯曲，如图 8-160 所示，使云层中的暗色调部分更暗，效果如图 8-161 所示。

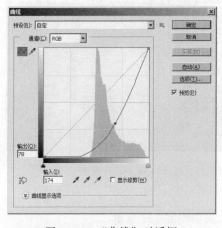

图 8-160 "曲线"对话框

图 8-161 调整云层的暗色调部分

Step06：在"图层"面板中将"云层"的图层混合模式设置为滤色，可去掉云层中的暗色调部分，效果如图 8-162 所示。

Step07：对"云层"应用图层蒙版。将前景色设置为黑色，选择 "画笔工具" ，在其选项栏中设置"笔尖形状"为柔边圆、"笔刷大小"为 300 像素、"硬度"为 0%、"不透明度"为 58%、"流量"为 100%，在画面中涂抹，擦除右边多余的云彩，效果如图 8-163 所示。

图 8-162　"滤色"效果　　　　　　　　　图 8-163　擦除多余云彩

4. 整体调整画面

Step01：选择"图层 1"（即"阳光"），按【Ctrl+T】组合键调出定界框，对"阳光"进行旋转，并使用移动工具将其移动至合适的位置，效果如图 8-164 所示。

图 8-164　旋转并移动阳光

Step02：选择"背景"图层，按【Ctrl+J】组合键对其进行复制，得到"背景副本"图层。

Step03：选择"背景副本"图层，按【Ctrl+B】组合键，弹出"色彩平衡"对话框，将"青色/红色"之间的滑块向"红色"方向稍微拖动，将"黄色/蓝色"之间的滑块向"黄色"方向稍微拖动，如图 8-165 所示，为画面增加一些红色和黄色调。单击"确定"按钮，效果如图 8-166 所示。

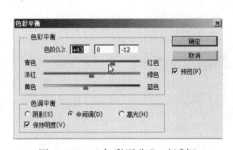

图 8-165　"色彩平衡"对话框　　　　　　图 8-166　调整背景后的效果

Step04：选择"图层 2"，按【Ctrl+U】组合键打开"色相/饱和度"对话框。分别拖动

"色相"与"饱和度"滑块至适当的位置，如图 8-167 所示，对天空的色调和饱和度稍作调整。单击"确定"按钮，效果如图 8-168 所示。

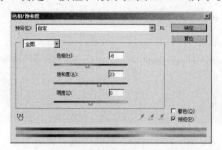

图 8-167 "色相饱和度"对话框

图 8-168 调整"图层 2"后的效果

8.7 【综合案例 28】炫色光环

"扭曲"滤镜组常用来对图像进行几何变形，创建 3D 或其他扭曲效果。本节将绘制一款"炫色光环"，案例效果如图 8-169 所示。通过本案例的学习，读者可以熟练运用其中的"波浪"滤镜及"旋转扭曲"滤镜。

8.7.1 知识储备

"扭曲"滤镜

"扭曲"滤镜组中包含 9 种滤镜，它们可以对图像进行几何变形，创建 3D 或其他扭曲效果。下面介绍常用的 4 个"扭曲"滤镜。

图 8-169 炫色光环

（1）"波浪"滤镜

"波浪"滤镜可以在图像上创建波状起伏的图案，生成波浪效果。执行"滤镜→扭曲→波浪"命令，弹出"波浪"对话框，如图 8-170 所示。

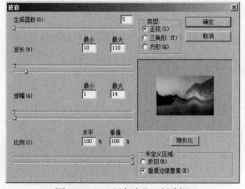

图 8-170 "波浪"对话框

对"波浪"对话框中常用选项的解释如下：

● 生成器数：用来设置波的多少，数值越大，图像越复杂。

- 波长：用来设置相邻两个波峰的水平距离。
- 波幅：用来设置最大和最小的波幅。
- 比例：用来控制水平和垂直方向的波动幅度。
- 类型：用来设置波浪的形态，包括"正弦""角形""方形"。

设置好"波浪"滤镜的相应参数后，单击"确定"按钮，画面中即可出现"波浪"效果。图 8-171 与图 8-172 所示为使用"波浪"滤镜前后的对比效果。

图 8-171　原图像

图 8-172　"波浪"效果

（2）"波纹"滤镜

"波纹"滤镜与"波浪"滤镜的工作方式相同，但提供的选项较少，只能控制波纹的数量和波纹大小，"波纹"对话框如图 8-173，效果如图 8-174 所示。

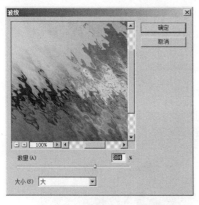

图 8-173　"波纹"对话框

图 8-174　"波纹"效果

（3）"极坐标"滤镜

"极坐标"滤镜以坐标轴为基准，可以将图像从平面坐标转换为极坐标，或从极坐标转换为平面坐标。执行"滤镜→扭曲→极坐标"命令，弹出"极坐标"对话框，如图 8-175 所示。

选择"平面坐标到极坐标"选项，可以将图像从平面坐标转换为极坐标。转换前后的效果分别如图 8-176 与图 8-177 所示。

（4）"旋转扭曲"滤镜

"旋转扭曲"滤镜可以使图像产生旋转的风轮效果，

图 8-175　"极坐标"对话框

旋转围绕图像中心进行，且中心旋转的程度比边缘大。执行"滤镜→扭曲→旋转扭曲"命令，弹出"旋转扭曲"对话框，如图 8-178 所示。

图 8-176　原图像

图 8-177　"极坐标"效果

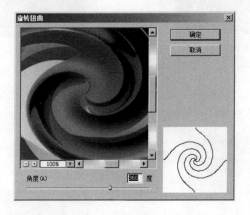

图 8-178　"旋转扭曲"对话框

拖动"角度"滑块，可控制"旋转扭曲"的程度。图 8-179 与图 8-180 所示为使用"旋转扭曲"滤镜前后的对比效果。

图 8-179　原图像

图 8-180　"旋转扭曲"效果

8.7.2　实现步骤

1.　绘制光环

Step01：按【Ctrl+N】组合键，弹出"新建"对话框，设置"宽度"为 800 像素、"高度"为 800 像素、"分辨率"为 72 像素/英寸、"颜色模式"为 RGB 颜色、"背景内容"为白色，

单击"确定"按钮，完成画布的创建。

Step02：执行"文件→存储为"命令，在弹出的对话框中以名称"【综合案例 28】炫色光环.psd"保存图像。

Step03：将前景色设置为黑色，按【Alt+Delete】组合键将"背景"图层填充为黑色。

Step04：按【Ctrl+J】组合键，对"背景"图层进行复制，得到"图层 1"。

Step05：选择"图层 1"，执行"滤镜→渲染→镜头光晕"命令，弹出的"镜头光晕"对话框，拖动图像缩略图中的十字线至图像中心（几个光圈重合）位置，同时设置"亮度"为 100、"镜头类型"为 50-300 毫米变焦，如图 8-181 所示。单击"确定"按钮，此时画面效果如图 8-182 所示。

图 8-181　"镜头光晕"对话框　　　　图 8-182　"镜头光晕"效果

Step06：执行"滤镜→滤镜库"命令，打开"滤镜库"，在"艺术效果"滤镜组中选择"塑料包装"滤镜，将"高光强度""细节""平滑度"均设置为最大值，如图 8-183 所示，此时画面效果如预览区中所示。单击"确定"按钮。

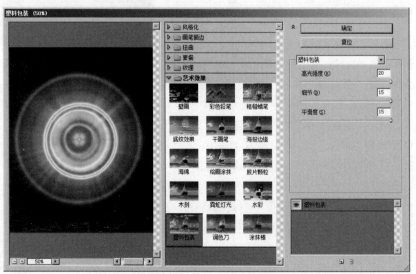

图 8-183　"塑料包装"滤镜

Step07：执行"滤镜→扭曲→波浪"命令，弹出"波浪"对话框，设置"生成器数"

为 1、"波长"最小为 24、"波长"最大为 19、"波幅"最小为 1、"波幅"最大为 2，其他参数保持默认值不变，如图 8-184 所示。单击"确认"按钮，此时画面会出现一些细微的变化，如图 8-185 所示。

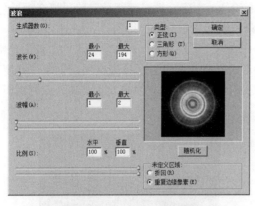

图 8-184 "波浪"对话框

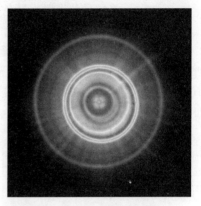

图 8-185 "波浪"效果

Step08：执行"滤镜→扭曲→旋转扭曲"命令，弹出"旋转扭曲"对话框，将"角度"设置为最大值，如图 8-186 所示。单击"确定"按钮，此时画面效果如图 8-187 所示。

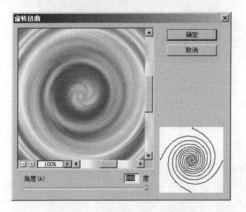

图 8-186 "旋转扭曲"对话框

图 8-187 "旋转扭曲"效果

Step09：对"图层 1"应用图层蒙版。将前景色设置为黑色，选择"画笔工具"，在其选项栏中设置"笔尖形状"为柔边圆、"笔刷大小"为 300 像素、"硬度"为 0%、"不透明度"为 100%、"流量"为 100%。在画面中涂抹，擦除"图层 1"的中间部分，得到光环效果，如图 8-188 所示。

Step10：将画笔的"不透明度"更改为 36%，在画面的光环部分涂抹，如图 8-189 所示，使光环更加自然，效果如图 8-190 所示。

Step11：按【Ctrl+M】组合键，弹出"曲线"对话框，拖动曲线，如图 8-191 所示，使光环效果更明显，单击"确定"按钮，效果如图 8-192 所示。

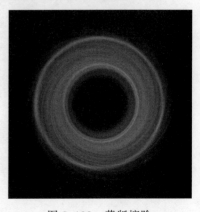

图 8-188 蒙版擦除

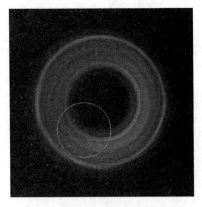

图 8-189　画笔涂抹

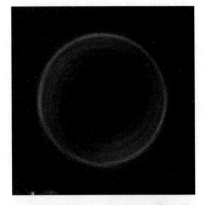

图 8-190　自然光环效果

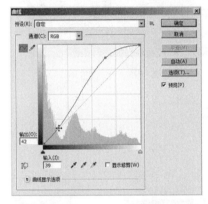

图 8-191　"曲线"对话框

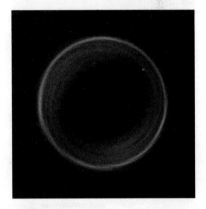

图 8-192　光环效果更加明显

2. 打造炫色效果

Step01：按【Ctrl+Shift+Alt+N】组合键新建"图层 2"。

Step02：选择"渐变工具" ，在其选项栏中单击"线性渐变"按钮 。并单击选项栏中的渐变颜色条，弹出的"渐变编辑器"对话框，在"预设"栏中，选择"色谱"，如图 8-193 所示。

图 8-193　"渐变编辑器"对话框

Step03：将鼠标指针移至画布左边，按住【Shift】键的同时，向右拖动，为"图层2"添加"七彩渐变"，效果如图8-194所示。

Step04：在"图层"面板中将"图层2"的图层的混合模式设置为叠加，此时画面中将出现七彩的光环，效果如图8-195所示。

图 8-194 七彩渐变

图 8-195 七彩光环

动 手 实 践

学习完前面的内容，下面来动手实践一下吧：

请运用滤镜和创建剪贴蒙版绘制如图8-196所示的黑板字效果。

图 8-196 黑板字

第❾章　时间轴、动作和 3D

学习目标

- 掌握时间轴面板的使用，能够使用时间轴面板制作 gif 动态图。
- 掌握动作与批处理等相关知识，能够使用动作自动批处理图片。
- 了解 3D 操作工具，并学会运用 3D 制作立体特效海报。

在 Photoshop 中还提供了动画、动作、3D 等功能，我们通过这些功能可以制作 gif 图片、批量处理图片及制作 3D 效果的图片。本章结合相关案例带领大家认识并掌握动画、动作和 3D 的基本用法。

9.1　【综合案例 29】制作 gif 动态图

在网站上通常能看到各式各样的动态效果，这些动态图一般为 gif 格式，因此通常被简称为 gif 动态图。在 Photoshop 中可以利用"时间轴"面板制作 gif 动态图。图 9-1 所示是一个进度条动态效果图，"橙子"图标会随着进度条一起移动，直到缓冲至 100%。通过本案例的学习，读者能够掌握帧模式"时间轴"面板的基本应用。

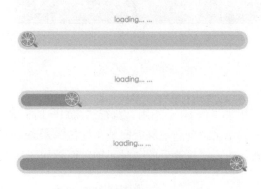

图 9-1　进度条动态效果图

9.1.1　知识储备

1. 帧

当我们把动态图下载到计算机上，用 Photoshop 将其打开时，就会发现，Photoshop 已经把动画分解成一张一张的小图片，如图 9-2 所示，每张图片就统称为"帧"。

图 9-2　帧

"帧"是动画中最小单位的单幅影像画面,相当于电影胶片上的每一格镜头。每一帧都是静止的图像,快速连续地显示帧便形成了"动"的假象。需要注意的是,每秒钟帧数越多,所显示的动作就越流畅。

帧分为关键帧和过渡帧,关键帧是指物体运动或变化中的关键动作所处的那一帧,包含动画中关键的图像;而过渡帧可以由 Photoshop 自动生成,从而形成关键帧之间的过渡效果。通常情况下,两个关键帧的中间可以没有过渡帧,但过渡帧前后肯定有关键帧,如图 9-3 所示。

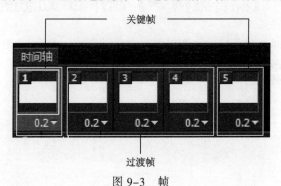

图 9-3　帧

2. 帧模式时间轴面板

帧模式时间轴面板主要用来制作 gif 动态画。执行"窗口→时间轴"命令,即可打开"时间轴"面板,如图 9-4 所示。单击"创建视频时间轴"按钮 <u>创建视频时间轴</u> 右侧的"倒三角"按钮▼,选择"创建帧动画"选项。更改后的"时间轴"面板如图 9-5 所示。

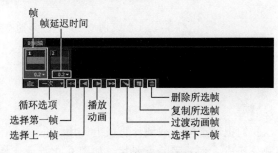

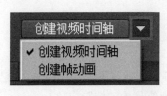

图 9-4　"时间轴"面板

图 9-5　帧动画时间轴

由图 9-5 可知，在"时间轴"面板中，会显示动画的每个帧的缩略图，使用面板底部的工具可浏览各个帧、设置循环选项、添加和删除帧等，具体解释如下。

（1）帧

跟图层类似，选中某个帧，工作区中即显示该帧内的内容。

（2）帧延迟时间 0.1▼

用于设置每帧画面所停留的时间，单击该按钮即可设置播放过程中的持续时间。例如设置某一帧的帧延迟时间为 0.1 s，则播放动画时该帧的画面就会停留 0.1 s。

（3）循环选项 一次 ▼

用于设置动画的播放次数，包括"一次"、"三次"、"永远"和"其他"4 个选项，选择"其他"选项，会弹出"设置循环次数"对话框，输入数值即可自定义播放次数。

（4）选择第一帧 ◄◄

制作动画时，若帧数太多，为了方便我们快速找到第一帧，就可以单击该按钮，单击后可自动选择第一个帧。

（5）选择上一帧 ◄

和"选择第一帧"按钮类似，单击按钮之后，可自动选择当前帧的前一帧。

（6）播放 ►

当我们想预览动画效果时，单击该按钮即可播放动画，再次单击则停止播放。

（7）选择下一帧 ►►

单击按钮之后，可自动选择当前帧的下一帧。

（8）过渡动画帧 ◥

若想让两帧之间的图层属性发生均匀的变化。可以在两个现有帧之间添加一系列的过渡帧，单击该按钮后，会弹出"过渡"对话框，如图 9-6 所示。在对话框中进行设置后，单击"确定"按钮即可。

（9）复制所选帧 ◲

当我们想新建帧或者复制某个帧的时候，单击该按钮，即可复制当前选中的帧，在面板中添加一帧。

（10）删除所选帧 🗑

当某个帧的内容发生错误时，单击该按钮即可删除当前选中的帧。

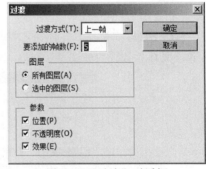

图 9-6 "过渡"对话框

9.1.2 实现步骤

1. 制作静态进度条

Step01：按【Ctrl+N】组合键，弹出"新建"对话框，设置"宽度"为 1012 像素、"高度"为 210 像素、"分辨率"为 72 像素/英寸、"颜色模式"为 RGB 颜色，如图 9-7 所示，按【Ctrl+S】组合键对其进行保存。

Step02：选择"圆角矩形工具" ▢，设置填充颜色为"黄色"（RGB：250、205、137），"描边"为无，"半径"为 30，在画布上绘制一个宽为 890 像素、高为 48 像素的圆角矩形，如

图 9-8 所示。得到"圆角矩形 1"图层。

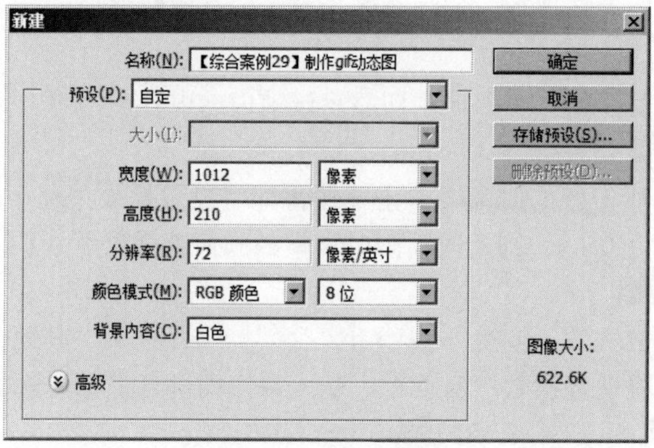

图 9-7　新建文件

图 9-8　圆角矩形

Step03：按【Ctrl+J】组合键，复制"圆角矩形 1"图层，得到"圆角矩形 1 副本"图层，将前景色设置为"橙色"（RGB：255、150、0），按【Alt+Delete】组合键填充图层，如图 9-9 所示。

图 9-9　填充颜色

Step04：单击"添加图层样式"按钮 *fx*，打开"图层样式"对话框，设置"描边"的参数，具体参数设置如图 9-10 所示，效果如图 9-11 所示。

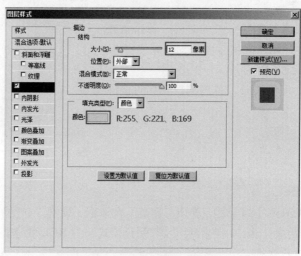

图 9-10　设置"描边的参数"

图 9-11　描边效果

Step05：按【Ctrl+Alt+G】组合键为"圆角矩形 1 副本"图层创建剪贴蒙版（或按住【Alt】键在两个图层中间单击），如图 9-12 所示，移动该图层到合适位置，如图 9-13 所示。

Step06：执行"文件→置入"命令，置入素材文件"橙子.png"，如图 9-14 所示。

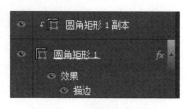

图 9-12　创建剪贴蒙版

图 9-13　移动进度条　　　　　　图 9-14　置入素材文件

Step07：调整素材图片大小并移动位置，如图 9-15 所示。

图 9-15　调整素材图片

Step08：使用"横排文字工具" ，设置"字体"为华文细黑、"前景色"为橙色（RGB：255、150、0）输入"loading..."文字，效果如图 9-16 所示。

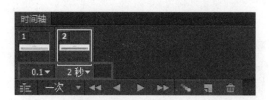

图 9-16　效果图

2. 制作动态进度条

Step01：执行"窗口→时间轴"命令，在"时间轴"面板中选择"创建帧动画"选项，单击"复制所选帧"按钮 ，添加帧，并设置第一帧和第二帧的"帧延迟时间"分别为 0.1 s 和 2 s，如图 9-17 所示。

图 9-17　设置帧延迟时间

Step02：在"时间轴"面板中选中第 2 帧，将"橙子"图层和"圆角矩形 1 副本"图层的位置移动到进度条的尾部，如图 9-18 所示。

图 9-18　移动位置

Step03：单击"过渡动画帧"按钮 ![icon]，在弹出的"过渡"对话框中设置参数，具体参数设置如图 9-19 所示，效果如图 9-20 所示。

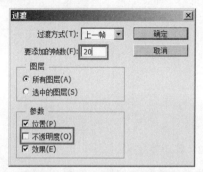

图 9-19　"过渡"对话框

图 9-20　过渡动画

Step04：单击"播放"按钮 ![icon]，预览效果。并按【Ctrl+S】组合键进行保存。按【Ctrl+Shift+Alt+S】组合键打开"存储为 Web 所用格式"对话框，将文件存储为 GIF 格式。

9.2　【综合案例 30】使用动作自动批处理照片

在使用 Photoshop 批量处理图片时，经常会重复使用一些功能命令，如一次性把多张图片的分辨率缩小、在多张图像上增加水印等。为了提高工作效率，我们通常会把这些功能命令录制成"动作"，通过"播放"动作自动完成图片处理。本节我们就利用"动作"对图片进行批量处理，如图 9-21 和图 9-22 所示即为批处理前后的对比图。通过本案例的学习，读者能够熟悉动作面板和动作的相关操作。

图 9-21　处理前

图 9-22　处理后

9.2.1　知识储备

1. 动作面板

在 Photoshop 中，"动作"是一个非常重要的功能，可以详细记录处理图片的全过程，并应用到其他图像中。"动作"主要包括"动作组"、"动作"和"命令"，其中，动作组是一系列动作的集合；动作是一系列操作命令的集合；命令是我们在 Photoshop 中的每一步操作。单击命令前方的展示按钮▶，可以展开命令列表，显示命令的具体参数，如图 9-23 所示。

执行"窗口→动作"命令（或按【Alt+F9】组合键）即可打开"动作"面板。在面板中，可以对动作进行创建、播放、修改和删除等操作，如图 9-24 所示。对面板中的主要命令具体解释如下。

图 9-23　展开命令列表

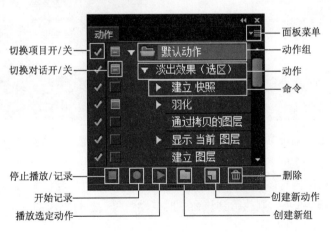

图 9-24　"动作"面板

（1）面板菜单

除了通过"动作"面板中的按钮编辑动作外，还可以单击"动作"面板右上角的"菜单"按钮，即可弹出面板菜单。在面板菜单中包含了 Photoshop 预设的一些动作和一些操作，如图 9-25 所示。选择一个动作即可将其载入到面板中，如选择"流星"选项，"动作"面板中即可出现"流星"动作，如图 9-26 所示。

（2）切换项目开/关

用于切换动作的执行状态，主要包括选中和未选中两种，选中时，动作组、动作或命令前会显示对钩☑，代表该动作组、动作或命令可以被执行；未选中时，动作组、动作或命令前不显示对钩☑，代表该动作组、动作或命令不可以被执行。

需要注意的是，当在命令前取消选中对钩后，动作和动作组前方的对钩会变成红色■，这个红色的对钩代表动作组或动作中的命令没有全部选中（即部分命令不可被执行），若想该动作组内所有动作都不被执行，则在动作组前方取消选中即可。

图 9-25　面板菜单　　　　　　　　　图 9-26　载入"流星"动作

（3）切换对话开/关■

主要用于设置动作的暂停，当需要手动设置命令的参数时，我们需要将动作设置为暂停，在命令前方选中"■"选项，则执行到该命令时自动暂停，进行相应的手动操作后，单击"播放"按钮▶继续播放动作即可。

需要注意的是，当在动作前选中"■"选项，则执行该动作中的每个命令时都会暂停；若在部分命令前取消选中"切换对话开/关"选项，则动作和动作组前方的"切换对话开/关"选项会变成"■"，也就是说，在动作组或动作前出现选项"■"，就表示动作组或动作里的部分命令会被暂停。但是在 Photoshop 中，默认不可编辑的命令前不能设置暂停。

若需要在 Photoshop 中默认为不可编辑的命令处设置暂停（如设置选区、画笔绘制等），我们可以利用插入停止的方法。在面板菜单中选择"插入停止"选项，在弹出的"记录停止"对话框中插入相关信息，如图 9-27 所示。当执行到被插入停止的命令处时，会弹出"信息"对话框，显示提示信息，如图 9-28 所示。

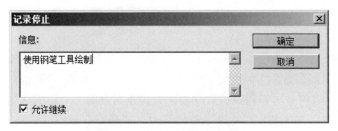

图 9-27　"记录停止"对话框

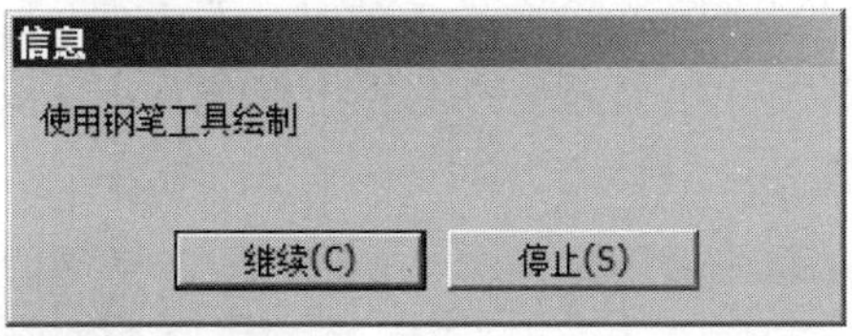

图 9-28　"信息"对话框

注意：当有命令出现错误或者缺少步骤，导致计算机执行不了动作时，会弹出该命令不可执行的对话框，选择继续执行命令后，得到的结果会缺少该命令的相关操作。

（4）停止播放/记录█

当记录动作时，由于某种需求需要将其停止，单击该按钮即可停止记录动作；当播放动作时，若想观察某个命令被执行后的效果，也可单击该按钮停止播放动作。

（5）开始记录⬤

一切准备就绪后，单击该按钮即可开始录制，此时"开始记录"按钮⬤变为红色⬤。需要注意的是，单击该按钮后，做的任意一步操作都会被记录下来。

（6）播放选定动作▶

若想单独执行某个动作时，选中一个动作后，单击该按钮则可以执行该动作中的命令。

（7）删除🗑

在录制过程中，若出现录制错误的情况，单击"停止播放/记录"按钮█停止录制后，单击该按钮，可以删除选中的动作组、动作和命令。

（8）创建新动作▣

单击该按钮，打开"新建动作"对话框，如图 9-29 所示，单击"记录"按钮就可以创建一个新的动作，并开始记录动作。需要注意的是，新建动作时，若"动作"面板中有动作组，则可以在"组"下拉列表框中选择组，若没有动作组，则创建动作时会自动创建动作组。

图 9-29　"新建动作"对话框

（9）创建新组▢

需要单独的动作组时，单击该按钮，在弹出的"新建组"对话框中设置组名，如图 9-30

所示，单击"确定"按钮，即可以创建一个动
作组。

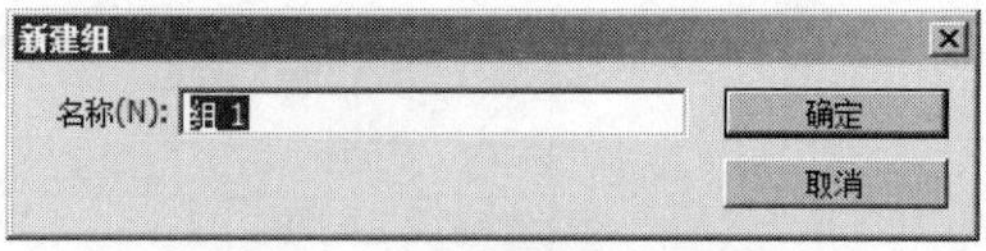

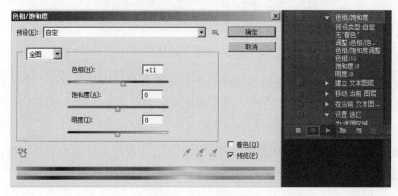

图 9-30 "新建组"对话框

2. 命令的编辑

当我们将动作录制完成后发现里面存在不
可更改的错误命令，此时，可以将错误命令删除，再重新录制一个新的命令；当存在可修改、
调整的命令时，还可以对该动作中的命令进行编辑，如修改、重排、复制等。命令的编辑方
法具体说明如下。

- 命令的修改：当我们想调整某个命令的参数时，双击命令，即可弹出相应的对话框，
  在对话框中设置参数即可。例如调整图像的色相/饱和度，双击该命令即可弹出"色相/
  饱和度"对话框，如图 9-31 所示。

图 9-31 修改命令参数

注意：只有在 Photoshop 中默认为可编辑的命令才能修改参数。

- 命令的重排：当我们想把命令的顺序进行调换时，直接
  选中命令，按住鼠标左键将其拖动到相应位置，当鼠标
  箭头变为  松开鼠标即可完成拖动，如图 9-32 所示。
- 命令的复制：当我们想将某个命令重复执行时，不需要
  再次进行录制，只需按住【Alt】键，拖动命令则可以
  复制该命令。

图 9-32 重排动作

3. 指定回放速度

由于计算机在播放动作执行命令的时候，速度非常
快，当我们想观察每一步操作后的效果时，则需要设置回
放速度，在"动作面板"中，单击"面板菜单"按钮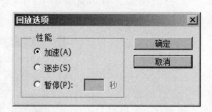
在菜单中选择"回放选项"命令，可弹出"回放选项"对
话框，在对话框中可以设置动作的播放速度，如图 9-33
所示，具体说明如下。

图 9-33 "回放选项"对话框

- 加速：该选项为默认选项，快速播放动作。
- 逐步：显示每个命令的处理结果，然后再继续下一个命令，动作的播放速度较慢。
- 暂停：勾选该选项，并设置时间，可以指定播放动作时各个命令的间隔时间。

4. 批处理

批处理主要是将录制好的动作应用于目标文件夹内的所有图片，利用批处理命令，可以帮助我们完成大量的重复性动作，从而提升效率。例如，我们要改变 1 000 张图片的大小，则可以将其中一张照片的处理过程录制为动作之后，执行"文件→自动→批处理"命令，弹出"批处理"对话框，如图 9-34 所示，在对话框中设置相应参数，单击"确定"按钮，即可完成批处理。

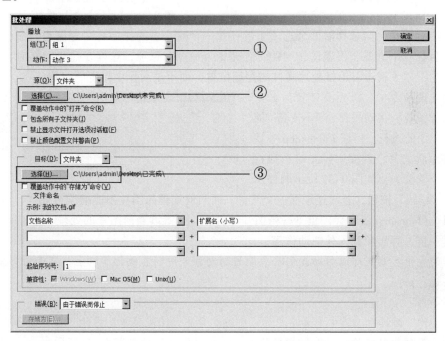

图 9-34　"批处理"对话框

注意：进行批处理之前，为了避免毁坏原文件，最好将原文件备份出来，并且再创建一个文件夹，用于放置处理后的文件。

（1）播放

用于选择播放的动作组和动作，单击右侧的倒三角按钮▼，在下拉菜单中选择组和动作即可。

（2）源

用于指定要处理的文件或文件夹，单击右侧的倒三角按钮▼，可以弹出下拉菜单，如图 9-35 所示。下拉菜单中共包含了"文件夹"、"导入"、"打开的文件"和"Bridge"4 个选项，通常情况下选择"文件夹"选项。当选择"文件夹"选项时，单击下方的"选择"按钮 选择(C)... 选择文件夹即可。

（3）目标

用于选择文件处理后的存储方式，单击右侧的倒三角按钮▼，可以弹出下拉菜单，如图 9-36 所示。在下拉菜单中包括"无"、"存储并关闭"和"文件夹"3 个选项。

● 无：当选择"无"时，表示不存储文件，文件窗口不关闭。

- 存储并关闭：选择该选项时，是将文件保存在原文件夹中，并覆盖原文件。
- 文件夹：选择该选项时，表示选择文件处理后的存储位置，单击下方的"选择"按钮 ，选择文件夹。

图 9-35 "源"下拉菜单　　　　　　　图 9-36 "目标"下拉菜单

值得注意的是，当选择后两个选项中的任意一个时，若动作中有"存储为"命令，则需要勾选"目标"下方的"覆盖动作中的'存储为'命令"选项，这样在播放动作时，动作中的"存储为"命令就会引用批处理文件的存储位置，而不是动作中指定的位置。

在批处理命令中，虽然支持暂停命令的执行以方便我们手动操作，却不支持"插入停止"命令的执行。当在 Photoshop 中默认为不可编辑的命令处插入停止时，执行批处理命令就会弹出如图 9-37 所示的提示

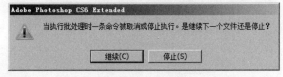

图 9-37 提示框

框，单击"继续"按钮，继续处理下一个文件，而当前处理的图片不能继续被处理；单击"停止"按钮，Photoshop 程序会停止下一张图片的处理，而继续当前图片的处理。

多学一招：导出和载入外部动作库

动作的导出和载入可以帮助我们将录制好的动作应用到其他计算机上，下面对导出和载入的方法进行讲解。

（1）导出

在"动作"面板中，选中想要导出的动作组，单击"面板菜单"中的"存储动作"选项，在弹出的"存储"对话框中，选择指定位置，单击"保存"按钮即可，如图 9-38 所示。保存的动作是一个扩展名为".ATN"的文件。

图 9-38 "存储"对话框

（2）载入

在动作的"面板菜单"中选择"载入动作"选项，打开"载入"对话框，选择对应的动作，如图 9-39 所示。单击"载入"按钮即可将外部动作库载入到"动作"面板中，如图 9-40 所示。

图 9-39　"载入"对话框

图 9-40　载入外部动作库

9.2.2　实现步骤

1. 录制动作

Step01：按【Ctrl+O】组合键，打开素材文件"美景 1"，如图 9-41 所示。

图 9-41　美景 1

Step02：执行"窗口→动作"命令（或按【Alt+F9】组合键）打开"动作"面板，单击"创建新组"按钮，弹出"新建组"对话框，在对话框中输入组名称，如图 9-42 所示。

单击"确定"按钮完成创建。

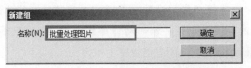

图 9-42　"新建组"对话框

Step03：单击"创建新动作"按钮🔲，弹出"新建动作"对话框，如图 9-43 所示，在对话框中输入动作名称，单击"记录"按钮。

Step04：选择"裁剪工具"🔲，在选项栏的"不受约束"下拉菜单中选择"大小和分辨率"选项，在弹出的"裁剪图像大小和分辨率"对话框中设置参数，如图 9-44 所示。单击"确定"按钮，关闭对话框。

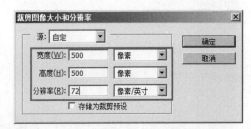

图 9-43　"新建动作"对话框　　　　　图 9-44　"裁剪图像大小和分辨率"对话框

Step05：将图像移动到合适位置，按【Enter】键确定裁剪，裁剪后的图像如图 9-45 所示。

图 9-45　裁剪后的美景 1

Step06：执行"图像→调整→色相/饱和度"命令（或按【Ctrl+U】组合键），在"色相/饱和度"对话框中将"色相"设置为 11，如图 9-46 所示，单击"确定"按钮。

图 9-46 调整色相/饱和度

Step07：选择"横排文字工具" T，设置"字体"为方正正黑中简体，"字号"为 55 点，输入文字，如图 9-47 所示，将其调整到合适位置，如图 9-48 所示。

图 9-47 输入文字

图 9-48 移动文字位置

Step08：按住【Ctrl】键，单击"美景"文本图层缩略图载入选区，如图 9-49 所示。选中"背景"图层，按【Ctrl+J】组合键复制选区内的"背景"图层。

图 9-49 载入选区

Step09: 隐藏文本图层，选择"图层1"图层，单击"图层样式"按钮，在弹出的"图层样式"对话框中设置描边效果，如图9-50所示。单击"确定"按钮。

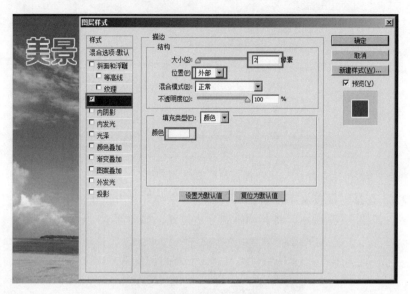

图 9-50 "图层样式"对话框

Step10: 将"图层1"的不透明度改为"50%"，最终效果如图9-51所示。

图 9-51 最终效果

Step11: 按【Ctrl+Shift+S】组合键将图片另存为至新文件夹中，关闭选项卡。

Step12: 单击"停止播放/记录"按钮 ■，停止录制。

2. 批处理

录制完动作后，执行"文件→自动→批处理"命令，弹出"批处理"对话框，在对话框中设置参数，具体参数如图9-52所示，单击"确定"按钮，即可完成批处理。

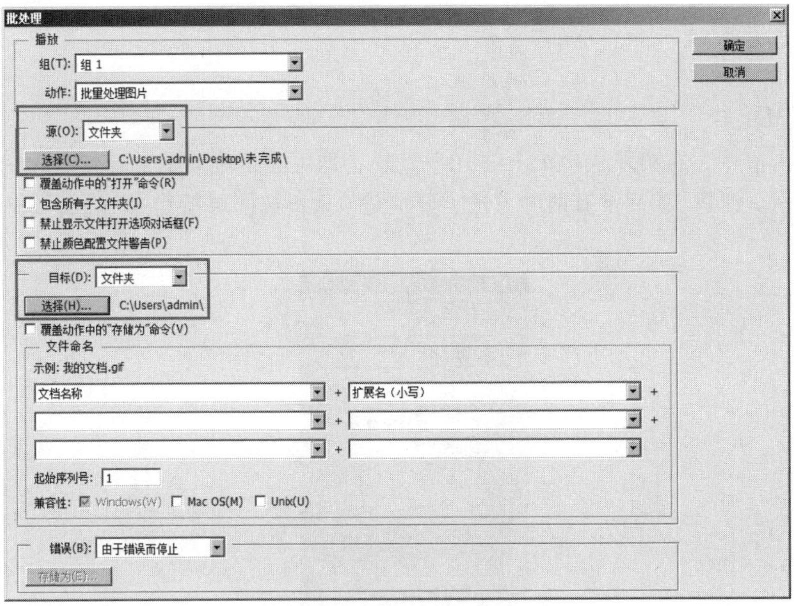

图 9-52 "批处理"对话框

9.3 【综合案例 31】制作 3D 立体海报

在 Photoshop 中，3D 功能不仅可以快速实现立体字等 3D 效果，还可以做出多种特效背景，使设计内容变得丰富多彩。本节将使用 3D 中的"深度映射到"命令制作一个立体的海报效果，如图 9-53 所示。通过本案例的学习，读者能够熟悉 3D 操作界面、掌握 3D 的基本操作。

图 9-53 立体海报

9.3.1　知识储备

1. 创建 3D

在 Photoshop 中，在菜单栏中单击"3D"选项，即可在下拉菜单中看到 3D 的创建方式，如图 9-54 所示。创建 3D 通常有两种方法，分别是"从所选图层新建 3D 凸出"和"从图层新建网格"。

图 9-54　创建 3D

（1）从所选图层新建 3D 凸出

一般用于创建 3D 立体字，通常需要先在图层上输入文字，再执行"3D→从所选图层新建 3D 凸出"命令，将图像转化为 3D，如图 9-55 和图 9-56 所示即为转化前后对比图。

图 9-55　输入文字　　　　　　　　　　图 9-56　将文字转化为 3D

（2）从图层新建网格

该命令中主要包括"明信片"、"网格预设"和"深度映射到"等命令。在实际运用中，我们通常用到的是"网格预设"和"深度映射到"命令。具体介绍如下。

- 网格预设：主要用于创建软件中预设好的立体图形，在该命令中包含了锥形、圆柱体、圆环、球体、酒瓶等 11 个选项。选择一个选项即可创建相应的立体图形。例如执行"3D→从图层新建网格→网格预设→锥形"命令，如图 9-57 所示。即可创建一个锥体，如图 9-58 所示。
- 深度映射到：该命令可以把平面图转换为 3D 效果，简单地说，就是根据图像的明度值，转换成深度不同的表面，明度较高的会被转化为凸起的区域，明度较低的部分会被转化为凹下的区域，进而形成 3D 效果。该命令主要包括平面、双面平面、圆柱体、球体

4 个选项，例如执行 "3D→从图层新建网格→深度映射到→平面" 命令，即可将平面图转化为 3D 效果。如图 9-59 和 9-60 所示为转化前后对比图。

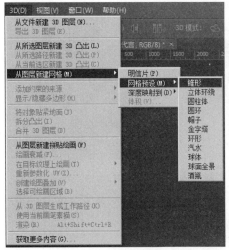

图 9-57　命令菜单

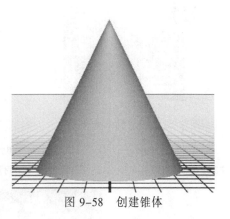

图 9-58　创建锥体

图 9-59　转化前

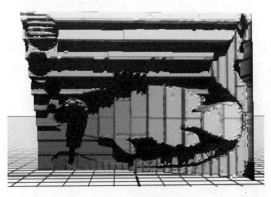

图 9-60　转化后

双面平面、圆柱体、球体这三个选项，分别可以制作出双面平面映射、圆柱体的映射和球体的映射等不同效果，效果如图 9-61～图 9-63 所示。

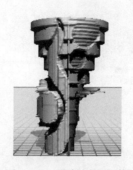
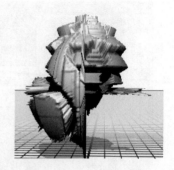

图 9-61　映射到双面平面　　　　图 9-62　映射到圆柱体　　　　图 9-63　映射到球体

值得注意的是，在"3D"面板中也能创建 3D，执行"窗口→3D"命令，即可打开"3D"面板，如图 9-64 所示，在该面板中选择相应的选项即可。

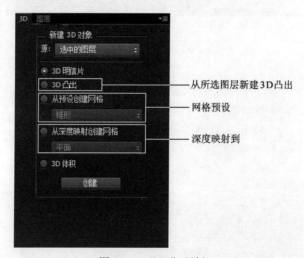

图 9-64　"3D"面板

注意：创建 3D 之前，首先要新建画布以及图层，否则将无法执行命令。

2. 3D 工作界面

创建 3D 对象后就可以看到 3D 工作界面，如图 9-65 所示。在 3D 工作界面中，共分为 5 个区域，分别是 3D 操作工具区域、小视图区域、编辑区、"属性"面板和"3D"面板，这几个区域分别有不同的功能，具体解释如下。

（1）场景/3D 对象/可视窗口

3D 对象是指我们在 Photoshop 中所创建的三维模型；场景则是 3D 对象活动的空间；而可视窗口是显示 3D 对象的有效区域。若把场景看作舞台，那么，3D 对象就是舞台上的表演者，而可视窗口就相当于台前，当表演者不在台前时，观众就不会看到。

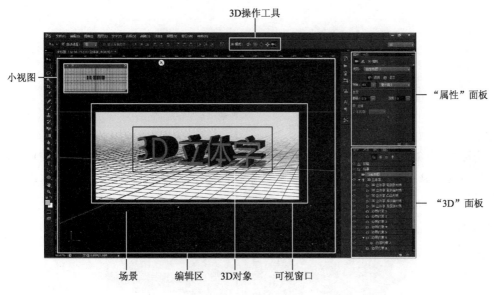

3D操作工具

小视图

"属性"面板

"3D"面板

场景　　编辑区　3D对象　可视窗口

图 9-65　3D 工作界面

（2）3D 操作工具

3D 操作工具可以对 3D 对象或场景进行操作，如旋转、缩放等。在 3D 工作界面共有 5 种操作工具，分别是"旋转 3D 对象"、"滚动 3D 对象"、"拖动 3D 对象"、"滑动 3D 对象"和"缩放 3D 对象"，如图 9-66 所示，这些工具既可以作用于场景，又可以作用于对象。例如当选中 3D 对象时，利用某项工具就能对 3D 对象进行操作；不选中 3D 对象时，就对场景进行操作，如图 9-67～图 9-69 所示，具体介绍如下。

旋转3D对象　　　　　　拖动3D对象

3D 模式：　　　　　　　缩放3D对象

滚动3D对象　　　　滑动3D对象

图 9-66　3D 操作工具

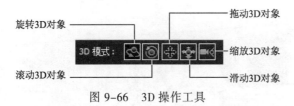

图 9-67　默认视图

图 9-68　旋转 3D 对象

图 9-69　旋转场景

① 旋转 3D 对象

"旋转 3D 对象"可以使 3D 对象或场景围绕 x 轴和 y 轴旋转，例如单击"旋转 3D 对象"按钮 ，选择 3D 对象后，出现旋转图标 ，按住鼠标左键上下拖动可以使 3D 对象围绕 x 轴旋转，如图 9-70 所示。左右拖动可以使对象围绕 y 轴旋转。

图 9-70　旋转 3D 对象

② 滚动 3D 对象

"滚动 3D 对象"可以使 3D 对象或场景围绕 z 轴旋转。例如选择 3D 对象后，单击"滚动 3D 对象"按钮 ，出现旋转图标 ，按住鼠标左键拖动可以使 3D 对象围绕 z 轴旋转，如图 9-71 所示。

图 9-71　围绕 z 轴旋转

③ 拖动 3D 对象

"拖动 3D 对象"主要用于移动 3D 对象或场景，单击"拖动 3D 对象"按钮 后，拖动鼠标左键就可以沿任意坐标轴拖动 3D 对象或场景。按住【Alt】键拖动可以使 3D 对象围绕 z 轴旋转，如图 9-72 所示。

图 9-72　拖动 3D 对象

④ 滑动 3D 对象

"滑动 3D 对象"同样也是用于移动 3D 对象或场景，但与"拖动 3D 对象"不同的是，"滑动 3D 对象"只能沿前后和左右方向移动。

⑤ 缩放 3D 对象

"缩放 3D 对象"主要用于缩放 3D 对象或场景，当选中对象时，单击"缩放 3D 对象"按钮 ，上下拖动即可放大或缩小 3D 对象；当选中场景时，单击"缩放 3D 对象"按钮 ，上下拖动即可放大或缩放场景。

值得注意的是，操作工具虽然能方便我们预览旋转、缩放、移动 3D 对象或场景后的效果，但不是很精确，若需要精确地调整对象或场景的角度、大小和位置，就需要用到坐标。选中某个选项，在"属性"面板中单击"坐标"按钮 ，即可看到该选项的坐标，如图 9-73 所示。

在平移选项下方输入数值即可精确调整 3D 对象或场景的位置；同理，在旋转和缩放选项下方输入对应数值也可以精确地调整 3D 对象或场景的旋转角度及大小比例。

（3）小视图

小视图主要用于在不影响 3D 编辑区 3D 对象角度的同时，预览各个视图角度。在小视图中，单击"视图/相机"按钮，可以切换视图角度，如图 9-74 所示。需要注意的是，这里只是切换小视图里面的预览图，而不是编辑区中 3D 对象的视图角度。

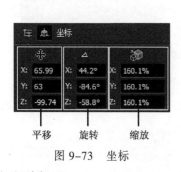

图 9-73　坐标

图 9-74　切换视图

（4）编辑区

编辑区是编辑 3D 对象和场景的区域。在编辑区，我们可以随意拖动或旋转 3D 对象、场景等。

（5）"3D"面板

"3D"面板中是存放编辑区内所有元素的区域，包括环境、场景、无线光和默认相机和当前的 3D 对象等。"3D"面板中的选项类似于"图层"面板中的图层，每个选项代表不同的功能。执行"窗口→3D"命令即可打开"3D"面板，如图 9-75 所示即为"3D"面板。选中某个选项即可在该选项的"属性"面板中修改参数，或在编辑区对其进行编辑。

（6）"属性"面板

"属性"面板主要用于设置或调整参数，进入 3D 工作界面后，执行"窗口→属性"命令，即可调出或关闭属性面板。在"3D"面板中，每个选项的"属性"面板都不一样。图 9-76 所示是场景的"属性"面板。

3. 设置表面样式

设置表面样式可以让 3D 对象的效果更加美观、突出。在"场景"面板中勾选"表面"，如图 9-77 所示。在其后面的"样式"菜单中选择 3D 对象表面的显示方式即可，其中，"未照亮的纹理"命令通常和"深度映射"命令搭配使用，来制作绚丽的"立体"效果。图 9-78 和图 9-79 所示即为设置表面样式为"未照亮的纹理"前后对比图。

图 9-75　"3D"面板

图 9-76　场景的"属性"面板

图 9-77　设置表面

图 9-78　设置表面前

图 9-79　设置表面后

此外，在"样式"菜单中还包含了实色、平坦、常数、外框等 10 种样式，可以分别实现不同的效果。

9.3.2　实现步骤

1. 制作星空特效

Step01：打开素材文件"星空.jpg"，如图 9-80 所示。

图 9-80　素材文件

Step02：按【Ctrl+J】组合键复制素材图层，得到"图层 1"，如图 9-81 所示。

Step03：执行"3D→从图层新建网格→深度映射到→平面"命令，如图 9-82 所示，在弹出的提示框中单击"是"按钮，界面即可切换到 3D 工作区，如图 9-83 所示。

图 9-81　复制图层　　　　　　　　　　图 9-82　执行命令

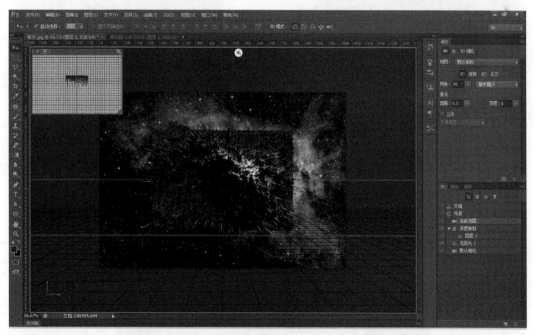

图 9-83　3D 操作界面

Step04：选中"当前视图"，单击"缩放 3D 对象"按钮，按住鼠标左键向上拖动，将当前视图放大，效果如图 9-84 所示。

Step05：在"3D"面板中，选中"场景"，如图 9-85 所示。在"表面"的样式中选择"未照亮的纹理"选项，如图 9-86 所示，得到效果如图 9-87 所示。

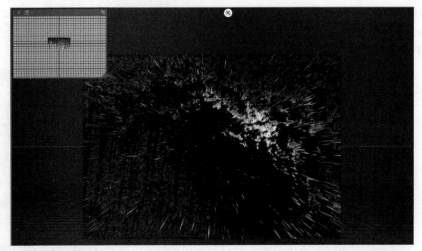

图 9-84 放大后效果图

图 9-85 "3D"面板

图 9-86 设置参数

图 9-87 效果图

2. 制作海报

Step01：回到"图层"面板，按【Ctrl+Shift+N】组合键新建图层，得到"图层 2"，如图 9-88 所示。

Step02：选择"渐变工具" ，在选项栏中设置黑色到不透明度为 0 的渐变，选中"径向渐变"按钮，并勾选"反向"复选框，如图 9-89 所示。

图 9-88　新建图层　　　　　　　　　　图 9-89　设置渐变

Step03：按住鼠标左键向右拖动鼠标，在画布上绘制一条渐变，如图 9-90 所示，再按同样方法向左绘制一条渐变，如图 9-91 所示。效果图如图 9-92 所示。

Step04：选择"橡皮擦工具" ，设置"笔刷大小"为 500、"硬度"为 48%、"不透明度"和"流量"均为 100%，在图像中间进行擦除，效果如图 9-93 所示。

图 9-90　绘制渐变 1

图 9-91　绘制渐变 2

图 9-92　效果图

图 9-93　擦除后效果

Step05：选择"横排文字工具" ，在选项栏设置"字体"为 Caviar Dreams、"字号"为 55 像素，"颜色"为白色，依次输入文字，并设置不透明度为 50%，如图 9-94 所示。

图 9-94　输入文字

Step06：使用"矩形工具" ，绘制一条矩形作为装饰，得到"矩形 1"图层，将其"不透明度"设置为 50%，如图 9-95 所示。

图 9-95　绘制矩形

Step07：选中所有文本图层及"矩形 1"图层，在选项栏中单击"左对齐"按钮 。

Step08：按【Ctrl+S】组合键，弹出"存储为"对话框，在对话框中设置名称为"【综合案例 31】制作 3D 立体海报.psd"，如图 9-96 所示，选择指定文件夹后单击"确定"按钮确认保存。

图 9-96　保存文件

动 手 实 践

学习完前面的内容，下面来动手实践一下吧：

请运用 3D 相关知识，制作如图 9-97 所示的海报效果。

图 9-97　海报效果

第 ⑩ 章　平 面 设 计

学习目标

- 掌握名片的构成要素及制作规范。
- 掌握海报设计的基本常识,独立完成海报的设计与制作。

平面设计泛指各种通过印刷而形成的平面艺术形式,主要以视觉图像作为媒介传递信息。在实际生活中,平面设计通常包括名片、海报、书籍装帧、宣传单页等。本章将通过 2 个不同的案例对名片、DM 的相关知识进行讲解。

10.1 【综合案例 32】烘焙名片设计

名片是商业交往的纽带,一张设计精美的名片既能提升自我形象,又满足了人际交往和互动的需求,真正达成自我展示和业务推介的双重功效。名片的制作非常简单,使用 Photoshop 软件结合名片的制作规范就可以轻松制作属于自己的名片。本节将制作一款烘焙类型的名片,最终效果如图 10-1 和图 10-2 所示。通过本案例的学习,读者能够了解名片的概念、名片的构成要素、名片的制作规范及设计原则等,并提升 Photoshop 软件操作的熟练程度。

图 10-1　烘焙名片(正)

图 10-2　烘焙名片(反)

10.1.1　知识储备

1. 认识名片

名片是标示姓名及其所属组织、公司单位和联系方式的卡片,名片设计就是对名片进行艺术化、个性化处理加工的行为,优秀的名片设计往往可以给人留下深刻的印象。通常情况下，名片起到宣传的作用，因此要想达到宣传的目的，名片的设计应该便于记忆，具有很强的识别性，能让人在最短的时间内获得所需要的信息，如图 10-3 所示。

图 10-3　名片

2. 名片的构成要素

在设计名片时，少不了名片的构成要素，所谓构成要素是指构成名片的素材及信息，通常包括企业标志、图案以及文案。其中企业标志是固有的，下面对图案及文案进行讲解。

（1）图案

图案在名片中主要起到烘托主题、丰富画面并引导读者的作用，因此，图案不仅需要满足画面的构图需要，还要吸引人的注意力，以便将读者的视线吸引至主体信息上。

值得注意的是，在图案的选择或设计上，图案的形式和色彩要反映名片持有者的职业特性和行业特征。图 10-4 所示即为某彩妆师的个人名片。

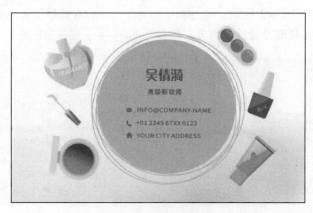

图 10-4　彩妆师名片

（2）文案

名片中的文案包括名片持有人的姓名、职务、联系方式、工作单位、地址、邮箱等，其中姓名、联系方式及职务是每张名片必有的，如图 10-5 所示。

（3）二维码

二维码是一个近几年来移动设备上流行的一种编码方式，可以将图片、汉字等信息以电子的方式显示出来，名片中可以放置持有人的微信二维码或公司简介内容的二维码等，利用很小的区域可以传递更多的信息。可以根据需要确定是否放置二维码。

图 10-5　名片文案

3. 名片的设计原则与技巧

在设计名片时，要遵循简单、易识别、字体选择规范等原则，并按照一定的排版技巧进行制作，具体介绍如下。

（1）设计原则

- 简单：名片传递的信息要简明扼要，将主题信息强化表达，若信息过多过满，则会使画面杂乱无章，如图 10-6 所示即为信息过多的名片。

图 10-6　信息过多的名片

- 便于记忆：名片设计时应该便于记忆，易于识别，这样才能在众多名片中脱颖而出。
- 字体选择规范：在选择字体时，尽量少用或不用繁体字，主要信息的字体通常比次要信息的字体要大，信息与信息之间行距大于字距，如图 10-7 所示，这样可以避免读者视觉疲劳。值得注意的是，在一张名片上所用的字体不要超过四种，否则会使画面缭乱。

（2）排版技巧

名片排版时，需要将文字等内容放置于裁切线内 3 mm 以内，如图 10-8 所示，只有将有效的内容放置在红框内区域，名片裁切后才更美观，且不会因为裁切的精确度不够，导致文字和图片被部分裁切掉。

图 10-7　字体　　　　　　　　　　　　图 10-8　有效编辑区域

4. 名片的制作规范

在制作名片之前，首先需要了解名片的设计规范。如规格尺寸、出血尺寸、像素大小、颜色等，具体介绍如下。

（1）规格尺寸

名片通常分为"横版"和"竖版"两类。其中"横版"标准尺寸为：90 mm×54 mm、90 mm×50 mm、90 mm×45 mm；"竖版"标准尺寸为：50 mm×90 mm、45 mm×90 mm，具体如图 10-9 所示。

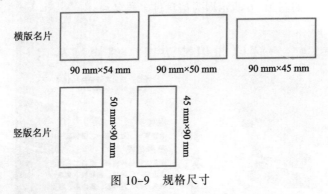

图 10-9　规格尺寸

（2）出血尺寸

制图时印刷商为了方便裁切，会要求设计师比规范尺寸多出几毫米，多出来的尺寸就是"出血尺寸"。通常"出血尺寸"的标准是 3 mm，在印刷完成后会被裁切掉，图 10-10 所标示部分即为出血区域。

图 10-10　出血区域

（3）像素和颜色

设计名片时，图像分辨率必须不小于 300 像素/英寸，才能保证印刷的清晰度。同时要将颜色模式设置为 CMYK 四色全彩印刷模式。

需要注意的是，在名片设计中"四色黑"文字（即 CMYK：100、100、100、100）要设置为"单色黑"（即 CMYK：0、0、0、100），防止印刷过程中出现偏色和重影，如图 10-11 和图 10-12 就是四色黑和单色黑的对比效果。执行"图像→模式→CMYK 颜色"命令即可更换为 CMYK 颜色模式。

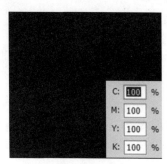

图 10-11 四色黑

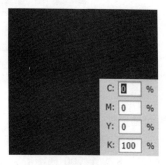

图 10-12 单色黑

注意：在制作名片时需要将"像素"单位切换成"毫米"单位。

10.1.2 实现步骤

扫码查看【综合案例 32】烘焙名片设计的实现步骤

10.2 【综合案例 33】护肤品 DM 设计

DM 广告可直接将广告信息传递给消费者，具有较强的选择性和针对性，本节将制作一张护肤品 DM，最终效果如图 10-13 所示。通过本案例的学习，读者能够了解什么是 DM、DM 的构成要素及 DM 的制作规范，并提升 Photoshop 软件操作熟练度。

10.2.1 知识储备

1. 认识 DM

DM 是英文 Direct Mail 的缩写，通常直译为直接邮寄广告，通常由 8 开或 16 开广告纸单面和双面彩色印刷而成。DM 一般采取邮寄、定点派发、选择性派送的形式直接传送到消费者手中，是超市、卖场、厂家、地产商等最常采用的促销

图 10-13 护肤 DM

销售方式，如图 10-14 所示为地产商 DM 单页的正反面。

图 10-14　常见房地产 DM

　　DM 的常见形式主要包括广告单页和集纳型广告宣传画册两种。其中，广告单页如商场超市散布的传单、折页，肯德基、麦当劳的优惠券等，如图 10-15～图 10-17 所示；集纳型广告宣传画册页数在 8 页至 200 页不等，如图 10-18 所示。

图 10-15　超市 DM

图 10-16　折页 DM

图 10-17　DM 优惠券

图 10-18　宣传画册 DM

2. DM 的构成要素

在设计 DM 时，不仅要根据不同的需求进行设计，还需要以 DM 的构成要素为依据。DM 的构成要素通常包括标题、广告语、插图、详细内容、标志及公司名称等，如图 10-19 所示。DM 的构成要素具体解释如下。

图 10-19　DM 构成要素

（1）标题

标题是表达广告主题的文字内容，目的是使读者注目，引导读者观看广告插图及广告语。标题要用较大号字体，且安排在广告画面最醒目的位置。值得注意的是，编写标题时应注意配合插图造型的需要。

（2）广告语

广告语是配合标题和插图的简短语言，可以吸引读者对该 DM 的内容更加感兴趣。广告语表达的意思要明确，字数一般不超过 20 个字。

（3）插图

如果 DM 上全是文字会使读者阅读疲劳，达不到宣传的目的。图案和文字的配合，可以使 DM 具有较强的艺术感染力和诱惑力。

（4）详细内容

详细内容通常包括活动时间、地点、活动说明或产品的详细说明等，可以让读者充分了解 DM 所传递的内容。

（5）标志

标志有商品标志和企业形象标志两大类。DM 中的标志可以让读者充分了解到该产品的所属品牌，在整个版面广告中，标志造型最单纯、最简洁，能给消费者留下深刻的印象。

（6）公司名称

公司名称一般都放在广告版面中次要的位置，也可以和标示配置在一起。

3. DM 制作规范

由于 DM 设计最终会通过印刷方式输出为印刷成品，因此在进行 DM 设计时需要了解一些关于印刷品的注意事项：

（1）设计出血线

设计 DM 时，尺寸一般设置为 291 mm×216 mm，而成品尺寸为 285 mm×210 mm。这是因为设计印刷出来时是需要裁切的，所以设计者应在页面的上下左右各留出 3 mm 的出血，如图 10-20 所示，所有内容一定要在出血线内显示。如果没有留出血，设计的图片或者文字容易被裁切掉，设计稿的效果就会受到影响甚至给客户带来不必要的损失。

图 10-20　出血线

（2）黑色的设置要求

在 Photoshop 中，制作需印刷的设计稿时，应设置颜色模式为 CMYK 格式。而黑色文字或色块的颜色一定是单色黑（CMYK：0、0、0、100）。这是因为彩色印刷时如果使用四色形成黑色，一是容易产生偏色，二是容易造成重影。尤其在印刷文字或者精细内容时特别明显。

（3）最好使用常见字体

方正字体的字库样式较多，字体也美观、正规。因此，得到设计师认可度较高。一般使用方正字体也不会出现在其他计算机上打不开或无法修改的情况。

如果使用了不常用的字体，就需要将文字转成曲线或栅格化，这样对其他想要修改的设计师来说，会造成很多不便。

（4）字号最好是整数

字体的字号最好是整数，整数数值如 7 点、8 点，容易记忆和修改。非整数数值如 7.89 点、12.11 点，不便于记忆和修改，而且也容易造成字号统一的困难，更不方便他人修改设计稿。

印刷品上的字体，视觉识别的最小字号是 6 点，小于 6 点会在识别上带来一定的困难。常见书籍中的内容文字字号一般是 9 点。需要注意的是不同的字体使用了相同的字号其视觉大小也会不同，如图 10-21 所示。

同等大小的字体
同等大小的字体
同等大小的字体

图 10-21　相同字号的不同字体效果

10.2.2　实现步骤

扫码查看【综合案例 33】护肤品 DM 设计的实现步骤

动 手 实 践

学习完前面的内容，下面来动手实践一下吧：

请运用所学知识，制作如图 10-22 所示的名片效果。

图 10-22 中国风名片

第 ⑪ 章 UI 设 计

学习目标

- 掌握网站 Logo 的设计规范，能够制作网站 Logo。
- 掌握 Banner 的尺寸规范，可以独立完成 Banner 的设计与制作。
- 掌握图标的尺寸规范，能够独立设计并制作图标。
- 了解网页的结构及移动端界面的基本组成元素，学会制作网页并对其进行移动端适配。

UI 设计是指在考虑用户体验和交互设计的前提下，对用户界面进行的美化设计，涉及移动端、PC 端、多媒体终端等各个领域。在实际生活中，一个优秀的 UI 设计师往往兼具图标设计、Logo 设计、Banner 设计、网站设计等多项技能，本章将使用 Photoshop 软件制作几个不同类型案例带大家了解 UI 的相关知识。

11.1 【综合案例 34】咨询公司网站 Logo 设计

Logo 是企业特色和内涵的集中体现，有利于传递企业的经营理念。在 UI 设计中，很多企业将 Logo 放在自己网站的首页，便于用户识别。本节将制作一个咨询公司 Logo，其效果如图 11-1 所示。通过本案例的学习，读者能够了解什么是 Logo、网站 Logo 的作用、网站 Logo 表现形式和网站 Logo 设计流程等。

图 11-1　咨询公司 Logo

11.1.1　知识储备

1. Logo 概述

（1）认识 Logo

Logo 中文译为"标志"，标志是代表特定的事物，具有象征意义的图形符号。首先认识一下与标志相关的几个容易混淆的概念。

- Mark（标记），指的是能看见的记号、痕迹，Mark 不一定是 Logo。
- Symbol（符号、象征），Symbol 更强调符号的象征意义。
- Sign（标识），Sign 一定不是 Logo，Sign 是只具有指示功能的符号。
- Brand（品牌），Brand 是超越 Logo 代表更多内涵的信息综合体。Logo 是 Brand 的核心视觉外延。

传统的 Logo 设计，重在传达形象和信息，通过形象的标志可以让消费者记住公司主体和品牌文化。网站 Logo 与传统 Logo 设计有着很多相通性，但是二者仍有一些差异。如网站 Logo 占的面积更小，要求设计更加简单直观，同时也要兼顾美观。网络中的 Logo 主要是用来与其他网站链接的图形标志，代表着一个网站或者网站的一个版块，如图 11-2 所示。

图 11-2　网站 Logo

（2）网站 Logo 的作用

网站 Logo 是网站 UI 设计的一个重要组成部分，在网页中起到不可替代的作用。

- 传递信息：一个好的 Logo 往往会反映网站及设计者的某些信息或意图，特别是对一个商业网站来话，访问者可以从中基本了解到这个网站的类型或者内容。
- 树立形象：网站 Logo 是企业形象的代表，企业强大的整体实力、完善的管理机制、优质的产品和服务，都被涵盖于标志之中。通过不断的刺激和反复刻画，可深深地留在受众心中。
- 利于竞争：网站 Logo 被赋予明确的意义和目的，优秀的 Logo 个性鲜明，视觉冲击力强，便于识别，促进消费，并能使网站访问者产生美好的联想，有利于在众多的品牌中脱颖而出。

（3）网站 Logo 表现形式

根据形式进行分类，网站 Logo 一般分为特定图案、特定文字和字图结合三种类型。

- 特定图案：特定图案指的是通过特定的图案代表 Logo，如腾讯企业采用生活在地球极端的企鹅，用企鹅代表 QQ 网络可以联络地球两端，网络无处不在，沟通更加方便。以企鹅的形象去代表企业的品牌价值和服务理念。特定图案的优点是用户容易记忆图案本身，具有明确的识别性；而缺点是特定图案的认知过程是一个相对曲折的过程，可是一旦建立联系，印象就会比较深刻。图 11-3 所示为腾讯的企鹅。

图 11-3　特定图案

- 特定文字：文字本身属于表意符号。特定文字将文字适当加以变形，用一种形态加以统一。这样设计出的 Logo 含义明确直接，更易于被理解认知，对所表达的理念也具有说明的作用，如图 11-4 所示。其优点是特定文字的造型丰富讲究，其个性特征针对主题而言更为明确；缺点是由于文字本身的相似性，很容易造成用户的记忆模糊。

图 11-4　特定文字

- 字图结合：字图结合是一种表象、表意的综合，指文字与图案结合的设计，兼具文字与图案的属性。图文并茂，相互衬托又相互补充。字图结合并不是将图形和文字简单的拼凑组合，而是发挥两者各自的优势，完美的融合在一起，例如图 11-5 所示的苏宁易购的 Logo 就是一个经典的字图结合类型。字图结合类型 Logo 的优点是鲜明的图案和明了的文字使 Logo 的信息传达更为快速，更易于理解；缺点是字图结合的设计容易花哨，还要考虑组合形式。

图 11-5　字图结合

（4）网站 Logo 设计流程

对于网站 Logo 设计流程，通常包含着调研分析、挖掘要素、设计开发、标志修正 4 个方面，从而设计出符合企业定位的 Logo。

- 调研分析：依据企业的构成结构、行业类别和经营理念，并充分考虑标志接触的对象和应用环境，为企业制定标准视觉符号。在设计之前，首先要对企业做全面深入的了解，包括经营战略、市场分析、企业领导者意愿以及对竞争对手的了解，这些都是标志设计的重要依据。
- 挖掘要素：依据对调查结果的分析，提炼出标志的结构类型和色彩取向，列出标志所要体现的精神和特点，挖掘相关的图形元素，找准标志的设计方向。只要通过认真的思考和总结规律，就会做到定位准确，并起到事半功倍的效果。
- 设计开发：有了对企业的全面了解和对设计要素的充分掌握后，可以从不同的角度和方向进行设计工作。通过设计师对标志的理解，充分发挥想象，用不同的表现方式，将设计要素融入设计中，标志达到含义深刻、特征明显，避免大众化。不同的标志所反映的侧重或表象会有区别，经过讨论、分析、修改，找出适合企业的标志。
- 标志修正：提案阶段确定的标志，可能在细节上还不太完善。通过对标志的标志墨稿、反白效果稿、线稿应用、标准化制图、和标志网格制图等不同表现形式的修正，使标志更加规范。

2. **网站 Logo 设计规范**

（1）尺寸规范

值得注意的是，一般情况下，企业的 Logo 没有既定的尺寸规范，但网站 Logo 有既定的尺寸规范，具体见表 11-1 所示。

表 11-1　网站尺寸规范

尺　寸	描　　述
88 像素 × 31 像素	互联网上最普遍的 Logo 规格
120 像素 × 60 像素	用于一般大小的 Logo
120 像素 × 90 像素	用于大型 Logo

为了方便使用，在使用 Photoshop 制作时，可以做一个大尺寸的 Logo（例如，本案例中采用 1200 像素 × 560 像素进行设计），最后将大尺寸的 Logo 与对应网站进行适配，更改尺寸即可。

（2）像素和颜色

设计网站 Logo 时，图像分辨率通常设置为 72 像素即可，同时要将颜色模式设置为 RGB 模式。执行"图像→模式→RGB 颜色"命令即可更换为 RGB 颜色模式。

注意：在 UI 设计中，所有元素的图像分辨率及颜色模式都是"72 像素/英寸"及"RGB 颜色"。

3. 网站 Logo 设计原则

（1）简洁性

Logo 的简洁性是指去除所有繁冗细节之后的核心内容，简洁的 Logo 具备很强的视觉冲击力，因此可以更容易被受众所识别，从而提高品牌的影响力。如图 11-6 所示为某科技公司的 Logo。

（2）通用性

Logo 的通用性是指 Logo 应具有广泛的适用性。Logo 的通用性一般体现在以下 2 方面。

- 在不同环境下的通用性：在不同环境下的通用性是指 Logo 在放大缩小后、在不同背景中也能显示出良好效果和在不同媒介中的显示效果。
- 在平面印刷上的通用性：在平面印刷上的通用性是指 Logo 要能适用于制版印刷，且效果良好。

（3）字体少

在设计字图结合型 Logo 时，通常情况下字体选择不超过 3 种，这样才能使 Logo 呈现清楚、整洁的效果。如图 11-7 所示为瑞丰银行 Logo，我们可以发现，文字部分的字体为 2 种不同字体。

图 11-6 某科技公司的 Logo

图 11-7 瑞丰银行 Logo

11.1.2 实现步骤

扫码查看【综合案例 34】咨询公司网站 Logo 设计的实现步骤

11.2 【综合案例 35】电商 Banner 设计

在网站设计中，Banner 可以高效地表达网站所要传达的活动或广告信息，优秀的 Banner 可以吸引用户关注和点击，因此了解 Banner 的相关知识并且掌握制作 Banner 的方法是很有必要的。本节将制作一个电商 Banner，其效果如图 11-8 所示。通过本案例的学习，读者能够了解什么是 Banner、Banner 设计特点、Banner 设计原则、Banner 构图方式和 Banner 的尺寸规范。

图 11-8　电商 Banner 效果图

11.2.1　知识储备

1．Banner 概述

（1）认识 Banner

Banner 一般翻译为网幅广告、旗帜广告、横幅广告等，狭义的说是表现商家广告内容的图片，是互联网广告中最基本、最常见的广告形式，如图 11-9 所示。

图 11-9　最常见的 Banner 形式

当用户访问电商网站时，第一眼获取的信息非常关键，直接影响了用户在网站停留时间和访问深度。然而仅凭文字的堆积，很难直观又迅速地传递给用户关键信息，这时就需要 Banner 将文字信息图片化，通过更直观的信息展示提高页面转化率，因此 Banner 的设计十分重要。

Banner 一般使用 gif 格式的图像文件，多数情况可以使用静态图形。随着互联网的发展，新兴的 Rich Media Banner（富媒体广告）赋予了横幅更强的表现力和交互内容，但一般需要用户使用的浏览器插件支持。

（2）Banner 设计特点

因为 Banner 设计应用在网站中，所以与传统纸媒设计相比较其特点略有不同。除了设计应该遵循的视觉美观、色调统一、形式突出等特点外，Banner 还具有以下两个特点。

- 大小限制严格：为了提高网页的加载速度，设计 Banner 时，对其尺寸大小要求比较严格。一般需将 Banner 的大小控制在 50KB 以内，分辨率设置为 72 像素/英寸。过大的 Banner 会使加载速度过慢影响浏览网页的速度和用户心情，从而直接影响网站的转化率。
- 可以被点击：和传统纸媒最大的区别，Banner 一般都有链接，可以通过单击 Banner 引领用户进入并了解详情。可以被点击的互动性，是 Banner 与其他设计特点最大的不同了。通过点击率，也可以直观反映出 Banner 的被认可程度。由于点击会进入深入介绍的页面，页面的统一性和连续性也需要在 Banner 中体现。

（3）Banner 设计原则

通过以上 Banner 设计特点可以得出，Banner 的存在就是为了迅速传递信息，提高转化率。以此特点为基准，能够总结 Banner 在设计方面，需要注意的原则。做到这些原则，可以使 Banner 最大化的实现争取眼球、深入浏览的效果。

- 对齐原则：对齐原则指的是相关的内容要对齐，方便用户视线快速移动，一眼看到最重要的信息，如图 11-10 所示。当然，关于对齐原则，有些时候是设计师为了美观而设计的。

图 11-10　对齐原则

- 聚拢原则：聚拢原则是将内容分成几个区域，相关内容都聚在一个区域中。一个 Banner 最好只有一个主题，不论是文字信息还是图片信息都是为了这个主题服务的，如图 11-11 所示。

图 11-11　聚拢原则

- 留白原则：在设计中不要把 Banner 中的内容排得过满，要留出一定的空间，这样既减少了 Banner 的压迫感，又可以引导读者视线，突出重点内容，如图 11-12 所示。过多的话语、图片和元素反而会导致广告毫无效果。
- 降噪原则：颜色过多、字体过多、图形过繁，都是分散读者注意力的"噪音"，所以整合很关键，将不同元素整合、去其冗杂，就能达到降噪的目的，如图 11-13 所示。
- 对比原则：加大不同元素的视觉差异，这样既增加了 Banner 的活泼程度，又突出了视觉重点，方便用户一眼浏览到重要的信息，如图 11-14 所示。

图 11-12　留白原则

图 11-13　降噪原则

图 11-14　对比原则

以上原则内容概括出 Banner 设计最主要的原则就是——醒目。

（4）Banner 构图方式

构图是指在平面的空间中安排和处理对象的位置和关系，把局部的元素组成一个整体的画面，以表现构思中预想的艺术形象和审美效果。Banner 的构图有以下几种基本形式。

- 左右式：左右式是最常见的构图方式，该构图方式分别把主题元素和主标题左右摆放，直观展示文案和图像，给人稳定、直观的感觉，如图 11-15 所示。

图 11-15　左右式 Banner

- 正三角式：采用正三角形构图，可以使 Banner 展示立体感强烈，重点突出，构图稳定自然，空间感强，此类构图方式给人安全感和可靠感，如图 11-16 所示。
- 倒三角式：采用倒三角形构图，一方面突出强烈的空间立体感，同时构图动感活泼，通过不稳定的构图方式，激发创意感，给人运动的感觉，如图 11-17 所示。

图 11-16　正三角式 Banner

图 11-17　倒三角式 Banner

- 对角线式：采用对角线构图方式能够改变常规的排版方式，适合组合展示，比重相对平衡，构图上活泼稳定，且有较强的视觉冲击力，如图 11-18 所示。

图 11-18　对角线式 Banner

- 扩散式：扩散式构图运用射线、光晕等辅助图形对图片主体进行突出，构图活泼有重点，次序感强，利用透视的方式围绕口号进行表达，给人以深刻的视觉印象，如图 11-19 所示。

图 11-19　扩散式 Banner

2．Banner 尺寸规范

Banner 通常分为通栏 Banner 和常规 Banner。图 11-20 和图 11-21 所示即为通栏 Banner 和常规 Banner 的效果对比图。具体解释如下。

图 11-20　通栏 Banner

图 11-21　常规 Banner

（1）通栏 Banner

通栏 Banner 是指网站中全屏的广告大图，当计算机屏幕大，显示的区域较大时，制作通栏 Banner 会显示良好的效果。通常情况下，通栏 Banner 的宽度为 1 920 像素，高度为 300 像素～500 像素之间。但在实际设计中，高度没有既定的规范，一般根据网站需要及美观程度进行制作即可。

值得注意的是，在制作通栏 Banner 时，Banner 所表达的主要内容不要超过有效显示区域，有效显示区域也被称作为"版心"，指的是页面中间区域的有效使用面积，是主要元素以及内容所在的区域。一般版心宽度为 1 000 像素～1 400 像素，如图 11-22 所示。

图 11-22　版心

（2）常规 Banner

常规 Banner 是指根据版心制作的 Banner，这时 Banner 的宽度尺寸取决于该网站版心宽度，高度则和通栏 Banner 一样，通常在 300 像素～500 像素之间，往往根据网站需要及美观程度进行制作。

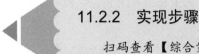

11.2.2　实现步骤

扫码查看【综合案例 35】电商 Banner 设计的实现步骤

11.3　【综合案例 36】钟表图标设计

在 UI 设计中，图标作为核心设计的内容之一，是界面中重要的信息传播载体。精美的图标往往起到画龙点睛的作用，从而提高点击率和推广效果。本节将制作一款钟表图标，如图 11-23 所示。通过本案例的学习，读者能够了解什么是图标、图标的设计原则、设计流程及图标的尺寸。

图 11-23　系统图标

11.3.1　知识储备

1. 认识图标

图标（Icon）是具有明确指代性含义的计算机图形，通过抽象化的视觉符号向用户传递某种信息。它具有高度浓缩并快速传达信息和便于记忆的特点，一般源自于生活中的各种图形标识，是计算机应用图形化的重要组成部分，在移动应用中，图标通常分为两种：第一种是应用型图标，第二种是功能型图标，下面进行详细讲解。

（1）应用型图标

应用型图标指的是在手机主屏幕上看到的图标，点击它可以进入到应用中。应用型图标表现形式有多种多样的视觉图形，设计风格也可以有多种形式。应用型图标类似于品牌 Logo，具有唯一性，如图 11-24 所示。

（2）功能型图标

功能型图标是存在于应用界面内的图标，是简单明了的图形，起表意功能和辅助文字的作用。而功能型图标类似于公共指示标志，具有通用性。它从外观形状上划分，通常分为线形图标、面形图标和扁平线形图标，如图 11-25 所示。

图 11-24　应用型图标　　　　　　　图 11-25　功能型图标的不同外观形状

2. 图标设计原则

图标设计原则是指做设计时要遵守的必要准则。在进行图标设计时，设计原则可以帮助设计师快速地进行设计定位。下面对应用型图标设计原则和功能型图标设计原则进行详细讲解。

（1）应用型图标设计原则

- 可识别性：可识别性是图标设计的首要原则，是指设计的图标能准确地表达出所代表的隐喻。能让用户第一眼识别出它所代表的含义，从中获得相关信息，如图 11-26 所示。

图 11-26　相机图标

- 差异性：在设计图标时，必须在突出产品核心功能的同时表现出差异性，避免同质化。力求给用户留下深刻的印象，如图 11-27 所示。

图 11-27　相册图标

（2）功能型图标设计原则

- 表意准确：功能型图标设计的第一原则是表意准确，要让用户看到一个图标第一时间理解它所代表的含义。功能图标在应用界面起到指示、提醒、概括和表述的作用。
- 轮廓清晰：轮廓清晰是指形状边缘棱角分明，没有发虚的像素。在 Photoshop CS6 版本中，在"首选项"对话框中勾选"将矢量工具和像素网格对齐"。这样在进行绘制时形状会自动对齐像素网格，不会形成发虚的像素，如图 11-28 所示。在绘制图标时尽量使用 45°，这样的斜线是最清晰的，如图 11-29 所示。

图 11-28　轮廓发虚和清晰对比

图 11-29　斜线清晰和发虚对比

- 视差平衡：绘制图标并不是一定要严格遵守图标网格去进行绘制，其实也要保持视差平衡。视差平衡是讲两个物体同样大的尺寸，但是其中的一个物体看起来明显要大于另一物体，此时需要将其中一物体进行缩小，在视觉上看起来平衡，如图 11-30 所示。

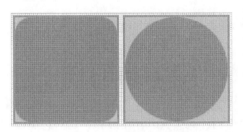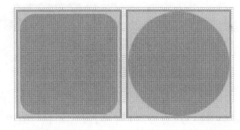

图 11-30　视差不平衡（左边）和视差平衡（右边）

- 一致性：一致性指的是造型规则、圆角尺寸、线框粗细、样式、细节特征等的统一，让图标的外观整体一致，如图 11-31 所示。

图 11-31　图标外观一致性

3. 图标设计流程

设计的过程是思维发散的过程，一般遵循固定的设计流程。在实际工作中，设计流程并不是绝对的。有的流程可能会被跳过或忽略，如调研与讨论；有的流程会反复停留，如修改与扩展。下面，通过讲解图标设计的流程为读者提供一个关于设计流程的思路，为日后的设计工作奠定基础。

（1）定义主题

定义主题是指把要设计的图标所涉及的关键词罗列出来，重点词汇突出显示，确定这些图标是围绕一个什么样的主题展开设计，对整体的设计有一个把控，如图 11-32 所示。

图 11-32 关键词罗列形式

（2）寻找隐喻

"隐喻"是指真实世界与虚拟世界之间的映射关系，"寻找隐喻"是指通过关键词进行头脑风暴，在彼类事物的暗示之下感知、体验、想象此类事物的心理行为。如"休息"这个关键词，可以联想到下面的图形，如图 11-33 所示。

图 11-33 关键词联想

从图 11-33 可以看出，通过"休息"这个关键词，联想到了沙发和床，因为它们都有休息的功能。每一个工作和学习的环境都不一样的，导致对于某个词的隐喻理解也有所不同。例如，经常喝咖啡的人，认为工作忙碌期间，来一杯香醇的咖啡就是休息。

当然应用是为大多数人制作的，所以要挑选最能被大多数人接受的事物来抽象图形。除非你的应用是为某个群体设计的个性应用。

（3）抽象图形

抽象图形要求设计师将生活中的原素材进行归纳，提取素材的显著特点，明确设计的目的，这是创作图标的基础，如图 11-34 所示。

图 11-34 抽象化的图标

在图 11-34 中，"飞机"和"拉杆箱"都进行了抽象化处理，汲取各自最显著的特点，形成了最终的图标。需要注意的是，图形的抽象必须控制，图形太复杂或者太简单，识别度都会降低，如图 11-35 所示。

通过图 11-35 容易看出，当"飞机"过于写实，甚至接近照片时，就会显的非常复杂且太过具象。当"飞机"过于简单，甚至只能看到圆形轮廓的时候，就已经看不出什么了，太过抽象。太过具象和太过抽象的图形识别性都非常低。

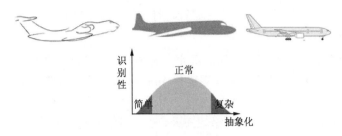

图 11-35　实物抽象化程度

（4）绘制草图

经过对实物的抽象化汲取后，便可以进行草图的绘制。在这个过程中，主设计师需要将实物转化成视觉形象，即最初的草图，如图 11-36 所示。当然草稿可能有很多方案，这时需要筛选出若干满意的方案继续下面的流程。

图 11-36　图标草图

（5）确定风格

在确定了图标的基准图形后，下一步就是确定标准色。我们可以根据图标的类型选择合适的颜色。当不知道使用什么颜色的时候，蓝色是最稳妥的选择。目前图标设计主流是扁平化风格，如图 11-37 所示。

图 11-37　扁平化图标

值得注意的是，在 UI 设计中，大部分扁平化图标以单色图形为主，从技法上来说，这样降低了设计的难度。

（6）制作和调整

根据既定的风格，使用软件制作图标。在扁平化风格盛行的今天，单独的图形设计需要更多的设计考量，需要经过大量的推敲，设计调整，因此在图标的制作中，会修正一些草图中的不足，也可能增加一些新的设计灵感。

（7）场景测试

图标的应用环境有很多种，有的在 App Store 上使用，有的在手机上使用。手机的背景色也各不相同，有深色系的，也有浅色系的。我们要保证图标在各个场景下都有良好的识别性，因此在图标上线前，设计师需要在多种图标的应用场景中进行测试。

4. 图标的尺寸

在设计图标之前，首先要了解图标的尺寸，放在不同位置及不同设备上的图标有不同的尺寸要求，在实际生活中，通常会为 iOS 系统和 Android 系统的图标进行设计，具体介绍如下。

（1）iOS 系统

iOS 系统对于图标尺寸规范有着严格的要求，在不同分辨率的屏幕中，图标的尺寸也会各不相同，具体见表 11-2 所示。

表 11-2　iOS 系统图标尺寸参数表

图标/机型	iPhone4/4s	iPhone5/5s/5c/SE/6/6s/7	iPhone6 Plus /6s Plus /7 Plus
App	114 × 114	120 × 120	180 × 180
App Store	512 × 512	1024 × 1024	1024 × 1024
标签栏	50 × 50	50 × 50	75 × 75
导航栏/工具栏	44 × 44	44 × 44	66 × 66
设置/搜索	58 × 58	58 × 58	87 × 87

表 11-2 列举了不同类型的 iOS 设备中，各种图标的对应尺寸。对其中各种图标的详细解释如下。

- App 图标：指的是应用图标。在设计时，可以直接设计为方形，通过 iOS 系统自带的功能切换为圆角，图 11-38 所示。

图 11-38　App 图标

值得注意的是，在设计图标时可以根据需要做出圆角供展示使用，对应的圆角半径像素如表 11-3 所示。

表 11-3　iPhone 图标圆角参数

图标尺寸（像素）	圆角半径（像素）
114 × 114	20
120 × 120	22
180 × 180	34
512 × 512	90
1024 × 1024	180

- App Store 图标：是指应用商店中的应用图标，圆角样式一般与 App 图标保持一致。
- 标签栏导航图标：指底部标签栏上的图标。
- 导航栏图标：指分布导航栏上的功能图标。
- 工具栏图标：指底部工具栏上的功能图标。
- 设置/搜索图标：在设置界面中的左侧功能图 标，如图 11-39 所示。

（2）Android 系统

而 Android 平台的差异较大，在设计图标时，不 同像素密度的屏幕对应的图标尺寸也各不相同，具体 见表 11-4 所示。

图 11-39　设置界面的图标

表 11-4　Android 图标尺寸规范（像素）

类　型	LDPI （低密度）	MDPI （中密度）	HDPI （高密度）	XHDPI （X 高密度）	XXHDPI （XX 高密度）	XXXHDPI （XXX 高密度）
主屏幕尺寸	36 × 36	48 × 48	72 × 72	96 × 96	144 × 144	192 × 192
状态栏图标尺寸	24 × 24	32 × 32	48 × 48	64 × 64	96 × 96	128 × 128
通知图标尺寸	18 × 18	24 × 24	36 × 36	48 × 48	72 × 72	96 × 96

- 主菜单图标：主菜单图标是指用图形在设备主屏幕和主菜单窗口展示功能的一种应用 方式，如图 11-40 所示。

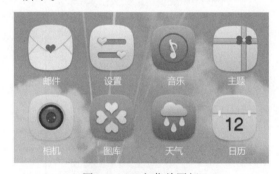

图 11-40　主菜单图标

- 状态栏操作图标：是指状态栏下拉界面上一些用于设置系统的图标，如图 11-41 所示。
- 通知图标：是指应用程序产生通知时，显示在左侧或右侧，标示显示状态的图标，如 图 11-42 所示，红框标识即为通知图标。

图 11-41　状态栏操作图标

图 11-42　通知图标

注意：Android 系统不同于 iOS，并不提供统一的圆角切换功能，因此设计产出的系统图标必须是带圆角的。

11.3.2　实现步骤

扫码查看【综合案例 36】钟表图标设计的实现步骤

11.4　【综合案例 37】婚纱摄影网站首页

网站首页是网站整体形象的浓缩，它直接决定了客户是继续深入访问还是直接跳出。所以在进行网页设计时，不仅要把握好色彩与图片的关系，更要合理安排每一个栏目的内容版块。本案例将设计一款关于婚纱摄影的网站首页，如图 11-43 所示。通过本案例的学习，读者可以认识网页 UI、了解网页结构、网页分类、网页设计基本原则等。

图 11-43　婚纱摄影网站首页

11.4.1　知识储备

1. 认识网页 UI

网页 UI 设计讲究的是排版布局和视觉效果，其目的是给用户提供一种布局合理、视觉效果突出、功能强大、使用便捷的界面。网页 UI 设计以互联网为载体,以互联网技术和数字交互技术为基础,依照客户的需求与消费者的需求,设计有关以商业宣传为目的的网页,同时遵循设计美感,实现商业目的与功能的统一。图 11-44 所示为某金融企业的网站。

图 11-44　某金融网站首页

2. 网页结构

虽然网页的表现形式千变万化,但大部分网页的基本结构都是相同的,主要包含引导栏、header、导航、Banner、内容区域、版权信息这几个模块,如图 11-45 所示。

图 11-45　网页结构分析

- 引导栏位于界面的顶部，通常用来放置客服电话、帮助中心、注册和登录等信息，高度一般在 35～50 像素之间。
- header 位于引导栏正下方，主要放置企业 Logo 等内容信息。高度一般为 80 像素～100 像素。但是目前的流行趋势是将 header 和导航栏合并放置在一起，高度为 85 像素～130 像素之间。
- 导航栏高度一般为内容字体的 2 倍或 2.5 倍，高度一般为 40 像素～60 像素之间。
- Banner 高度通常为 300 像素～500 像素之间。
- 内容区域和版权信息高度不限，可根据内容信息的进行调整。

3. 网页分类

根据网站的内容，网页可大致分类为首页、详情页和列表页三种类型。

（1）首页

首页作为网站的门面，是给予用户第一印象的核心页面，也是品牌形象呈现的窗口。首页更直观的展示企业的产品和服务，首页设计需要贴近企业文化，有鲜明的特色。由于行业特性的差别，网站需要根据自身行业来选择适当的表现形式。图 11-46 所示为易起贷官网首页。

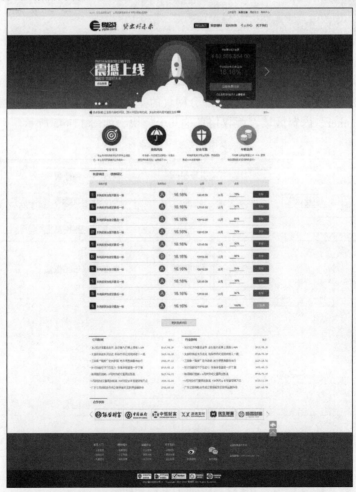

图 11-46　易启贷官网首页

（2）详情页

大部分网站主要从公司介绍、产品、服务等方面进行宣传，而整体布局需要能够使用户操作更加方便、快捷，所以在布局上仅仅是内容区域的变化，其余保持不变。整个网站中，详情页作为二级页面要与首页的色彩风格一致，页面中同一元素也要与其他页面保持一致，图 11-47 所示为易起贷官网中的一个详情页。

图 11-47　易起贷官网详情页

（3）列表页

列表页主要用于展示产品和相关信息，图 11-48 所示为易起贷官网列表页。该页展示了比首页更多的产品信息，还可以对产品信息进行初步的筛选。列表页应该使用户快速了解该页面产品信息并能诱惑用户点击，设计时要注意在有限的页面空间中合理安排页面的文字，传达的信息量多一些，并使产品内容信息突出。

4. 网页设计基本原则

一个优秀的网页，在设计中通常会遵循相应的设计原则。网页设计原则主要包括：统一、连贯、分割、对比及和谐等几个方面，具体说明如下。

（1）以用户为中心

以用户为中心的原则实际是要求设计师要站在用户的角度进行思考，主要体现在下面几点。

- 用户优先：网页 UI 设计的目的是吸引用户浏览使用，无论何时都应该以用户优先。用户需求什么，设计师设计什么。即使网页 UI 设计再具艺术设计美感，如果不是用户所需，也是失败的设计。
- 考虑用户带宽：设计网页时需要考虑用户的带宽。针对当前网络高度发达的时代，可以考虑在网页中添加动画、音频、视频等多媒体元素，借此塑造立体丰富的网页效果。

图 11-48　易启贷官网列表页

（2）简约性

简约性通常体现在页面简约和层级清晰两方面。

● 页面简约：页面简约并不是简单，不是机械地删除或减少网站或页面组件或模块，而是页面中每一个小细节都应该被重视，能充分表达出页面所要传达的信息。

● 层级清晰：层级清晰通常是指减少页面跳转的层级，用户可以轻松地达到自己的目的，从而有效地提高用户的转化。如果一个网站中有很深的页面层级，那么用户可能就会漫无目的的游览，进而导致用户的流失。

（3）空间性

空间性指的是页面中的适当留白。留白不是白色，而是指空白，这个空白是无额外元素、装饰的区域，如背景墙、天空等。留白可以使页面有充分的呼吸空间，并提供了布局上的平衡，进而突出主题及页面中所要表达的信息。如果在页面中填充了大量信息，则会给用户一种压迫感，从而使用户不会深入浏览。

（4）主题明确

网页 UI 设计要表达出一定的意图和要求，有明确的主题，并按照视觉心理规律和形式将主题传达给用户，以使主题在适当的环境里被用户理解和接受，从而满足其需求。这就要求网页 UI 设计不仅要单纯、简练、清晰和精准，还需要在凸显艺术性的同时通过视觉冲击力来体现主题。图 11-49 所示为一家专门卖罐头的网站，设计都是围绕着罐头为主题开展的。

（5）内容与形式统一

任何设计都有一定的内容和形式。设计的内容是指主题、形象、题材等要素的总和，形式是结构、风格设计等表现方式。一个优秀的设计是形式对内容的完美体现。网页界面设计所追求的形式美必须适合主题需要。图 11-50 所示为火宫殿网站产品是具有中国特色的臭豆腐，选用中国风的风格更能凸显臭豆腐的源远流长，风格将产品内在气息完美体现。

图 11-49　主题明确

图 11-50　内容与形式统一

（6）整体性

网页 UI 设计的整体性包括内容上和形式上两方面，网页的内容主要是指 Logo、文字、图像和动画等，形式是指整体版式和不同内容的布局方式。在设计网页时，强调页面各组成部分的共性因素是形成整体性的常用方法。强调整体性更有利于用户全面的了解，并给人整体统一的美感。图 11-51 所示为悦诗风吟网站，整体以小清新风格呈现。

图 11-51　整体性

11.4.2 实现步骤

扫码查看【综合案例 37】婚纱摄影网站首页的实现步骤

11.5 【综合案例 38】移动端页面适配

移动端可以理解为移动设备中的操作系统，是安装各种移动应用程序的一个载体。与 PC 端相比，移动端更适合用户浏览及携带。在设计移动端界面时，首先要了解一些移动端界面的设计规范，才能将常用控件的设计标准化，使其更符合移动平台的特性，降低学习和开发的成本。本节将根据【综合案例 38】进行移动端的适配，效果如图 11-52 所示。通过本案例的学习，读者可以了解移动端界面的基本组成部分及其相应尺寸规范和文本规范。

图 11-52 移动端适配效果图

11.5.1 知识储备

1. 移动端界面基本组成元素

移动端可以简单理解为移动设备中的操作系统，目前市面上最常见的操作系统有 iOS 系统、Android 系统等。系统不同，界面的基本组成元素也不同，下面就对这两个系统的界面组成元素进行讲解。

（1）iOS 系统

界面基本组成元素包括：状态栏（Status Bar）、导航栏（Navigation Bar）、标签栏（Tab Bar）、工具栏（Tool Bar）等部分。各元素的基本参数如表 11-5 所示。

表 11-5　界面基本组成元素参数

元素/机型	iPhone4/4s 5/5s/5c/SE/6/6s/7	iPhone6 Plus /6s Plus /7 Plus
状态栏高度	40 像素	60 像素
导航栏高度	88 像素	132 像素
标签栏高度	98 像素	146 像素
工具栏高度	88 像素	146 像素

在表 11-5 中，各元素的宽度和手机屏幕宽度一致，在 iOS 系统中各元素的基本位置分布如图 11-53 所示。

图 11-53　界面元素位置分布

- 状态栏：状态栏是用来呈现运营商、网络信号、时间、电量等信息，位于整个 App 界面的顶部，并始终固定在整个屏幕的上方，如图 11-54 所示。目前流行趋势的状态栏背景是透明的，并与界面风格设计融为一体。在屏幕分辨率 750×1 334 像素的情况下，高度为 40 像素。

图 11-54　状态栏

- 导航栏：导航栏通常位于状态栏的正下方，如图 11-55 矩形框标识所示。通常显示当前界面的名称，通常包含常用的功能或者页面的跳转按钮等。在屏幕分辨率 750 像素×1334 像素的情况下，高度为 88 像素。

图 11-55　导航栏

- 内容区域：在 iOS 系统中，在分辨率 750×1 334 像素的情况下，内容区域高度为 1 108 像素。
- 标签栏：标签栏也被称为菜单栏。通常位于界面的底部，如图 11-56 所示。标签栏上一般会有 3~5 个小图标，这些小图标通常包含两种状态，一是选中状态，二是未选中状态。让用户在不同的视图中进行快速切换。在屏幕分辨率 750 像素×1 334 像素的情况下，高度为 98 像素。

图 11-56　标签栏

- 工具栏：工具栏里提供一系列让用户对当前视图内容进行操作的工具，工具栏的所有操作都是针对于当前屏幕和视图的，通常用于二级页面。在工具栏中放置一些在当前情景下最常用的指令，能够极大地方便用户使用。

在 iOS 系统中，工具栏位于屏幕底部，工具栏和标签栏在同一个视图中只能存在一个，在分辨率 750×1 334 像素的情况下，工具栏高度为 88 像素，图 11-57 所示为邮件界面的工具栏，当用户在邮件中浏览邮件时，工具栏上可以放置过滤、回复等选项。

正在检查邮件...

图 11-57　邮件界面的工具栏

注意：对于工具栏上显示的选项，最好控制在 5 个以内，这样用户可以轻松地选择所需选项。

（2）Android 系统

Android 系统的界面基本组成元素和 iOS 基本相似，但仍会有一些区别。图 11-58 所示为 Android 系统界面基本元素常见的位置分布，但 Android 设备的屏幕分类较多，在设计时，设计师只需要考虑设计 720 像素×1 280 像素的分辨率即可。

图 11-58　界面元素位置分布

- 状态栏：在 Android 系统中，状态栏通常位于界面的顶部，具有通知的功用，当应用程序有新的通知，向下滑动即可打开查看通知或进行一些常用的设置。通常状态栏的高度为 50 像素。
- 标题栏：在 Android 系统中，标题栏通常位于状态栏下方，高度为 96 像素左右。
- 标签栏：在 Android 系统中，标签栏通常位于标题栏下方，高度为 72 像素左右。一般最多为 5 项。
- 底部导航栏：在 Android 系统中，底部导航栏通常位于标签栏下方，和 iOS 系统中的标签栏类似，一般高度为 96 像素左右，一般最多为 5 项。

值得注意的是，由于 Android 平台的差异化越来越大，因此其界面结构往往会根据实际需求进行设计布局。在实际开发中为了节省人力和时间，一般会以 iOS 系统的界面设计图为主导，将绘制好的设计图进行适当调整，应用于 Android 平台中。

注意：Android 最近出的手机几乎都去掉了实体键，把功能键移到了屏幕中，高度标签栏一样为 48 像素。

2. 移动端 UI 文本规范

在移动端界面设计中，文字是不可或缺的元素，采用规范化的文字进行排版设计可以让界面更加舒适美观。下面将对移动应用平台的文本规范做具体介绍。

（1）iOS 文本规范

在 iOS 8 系统中，英文和数字字体为 "Helvetica Neue"，它是比较典型的扁平风格字体，中文字体为 Heiti SC（中文名称叫黑体–简）。而在 iOS 9 系统中，苹果为新版本设计了全新的英文字体 "San Francisco" 和中文字体 "苹方"。图 11–59 为两种英文字体的对比效果。

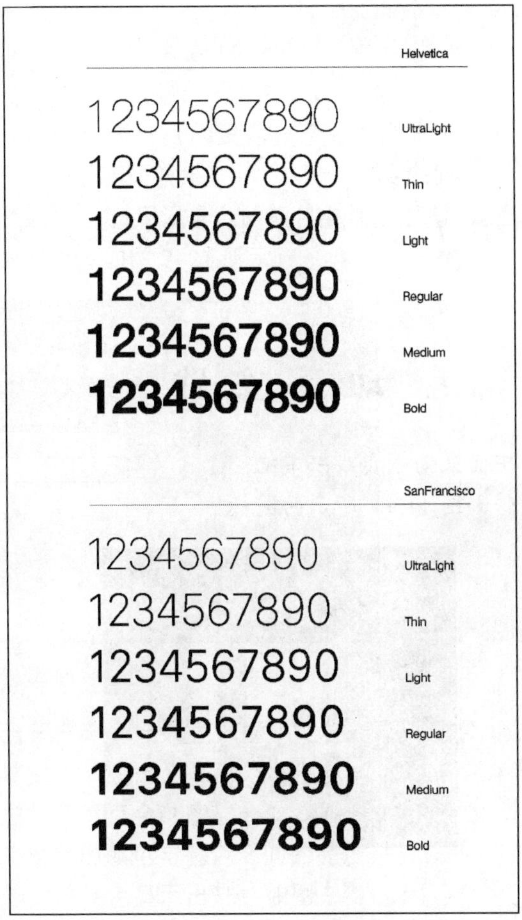

图 11–59　字体对比效果

在实际界面设计中，文本通常使用偶数字号，例如 22 像素、24 像素、28 像素、32 像素、36 像素等。其中使用粗体、大号和深色的文字显示标题等重要信息，使用标准、小号和浅色的文字显示辅助标题或描述性文本信息。

（2）Android 文本规范

在 Android 4.0 系统中，中文字体为 "Droid Sans Fallback"，英文字体为 "Roboto"。在 Android 5.0 系统中，中文字体改为 "思源黑体"。通常在用 Photoshop 软件设计界面时会用 "方正兰亭黑" 字体代替 "思源黑体" 字体完成效果图的设计。如图 11–60 所示。

Roboto Thin   方正兰亭黑
Roboto Light   方正兰亭黑
Roboto Regular   方正兰亭黑
Roboto Medium   方正兰亭黑
Roboto Bold

图 11-60   Android 5.0 系统字体

11.5.2   实现步骤

扫码查看【综合案例 38】移动端页面适配的实现步骤

动 手 实 践

学习完前面的内容，下面来动手实践一下吧：

请运用所学知识，制作如图 11-61 所示的图标。

图 11-61   图标

第 ⑫ 章　项目实战——韩 X 店铺首页创意设计大赛

学习目标

- 了解比赛基本要求和流程。
- 掌握分析主题的技巧，完成比赛作品的设计。

店铺首页是网络商家的门面，也是买家对店铺第一印象的主要来源。设计精良的店铺首页可以引导买家进入店铺、提高店铺转化率。而设计粗糙的店铺首页则会影响店铺的品牌宣传和顾客的购物体验。在前面的章节中，我们学习了 Photoshop 的基本操作和设计应用。本章我们将运用所学知识，完成韩 X 店铺首页创意设计。

12.1　大　赛　公　告

韩 X 是淘宝平台中较大的中高端化妆品品牌。多年来，韩 X 一步一个脚印，遵循企业多元、乐观、创新、冒险的企业精神，在生产实力、科研力量、渠道建设、品牌精髓等各个方面，均跻身行业第一梯队，成为国货自强的代表性品牌。本次设计大赛是为韩 X 店铺设计首页页面，具体参见以下公告。

1. 活动主题

爱美之心人皆有之，每个人都希望自己是舞台中央那颗闪耀的新星，备受瞩目。每个人都爱美，看美的人、美的景、美的物。每个人都追求美，要美的精致、美的高贵、美的从容。

在你心中，什么才是"美"？是夏日静谧的午后，还是雨后七色的彩虹。在这个充满激情活力的夏季，韩 X 开启了店铺首页创意设计大赛，让你的"美"，体现在我们的页面中。

2. 活动原则

创作风格不限，形式不限，不管是搞怪手绘，还是炫酷涂鸦，只要你能传达出"美"的特点，你就是我们的"灵魂设计师"。关于本次活动有以下要求。

- 为韩 X 设计店铺首页，体现"美"的特点。
- 产品素材可以直接从网店获取，加工运用。
- 作品需要提供 PSD 格式源文件和 JPEG 效果图。

3. 活动时间

活动时间分为征集期、评审期、公式期三个阶段，具体如图 12-1 所示。

图 12-1 活动时间

（1）征集期

2019 年 3 月 21 日 0 点～2019 年 4 月 18 日 24 点，征集期为作品提交时间，可登录 XXX 网直接提交作品。

（2）评审期

2019 年 4 月 19 日 0 点～2019 年 4 月 29 日 24 点，评审期将由国内知名的设计达人组成评审团队。

（3）公示期

2019 年 4 月 30 日，公示期将在 XXX 网站公开获奖设计师名单。

4. 参与方式

- 个人参赛。
- 以团队的形式参加，人数不能多于 3 人。

5. 评分原则

评分原则包括基础评分、模块评分、整体评分，具体参见表 12-1。

表 12-1 评分原则

基 础 评 分	模 块 评 分	整 体 评 分
整体和谐度：10 分	店招：10 分	创意评分：15 分
色彩搭配与运用：10 分	导航条：10 分	整体风格吸引力：15 分
结构排版：10 分	全屏海报：10 分	
	自定义区域（宝贝展示区）：10 分	

12.2 策　　划

策划是指动手设计之前的一系列分析和准备工作，通过策划能让设计师在进行设计时做到有的放矢，准确把握活动的主题和规则。

1. 分析活动主题

本次大赛的主题，就是一个"美"字，简单来说就是需要首页页面设计的好看有创意。然而美的形式有很多，清新是美，高贵是美、优雅是美，因此设计师可以选择某一种美的形式，体现在设计作品中。例如本书的参考案例，选取的是"高贵之美"作为设计作品的主题。

2. 了解设计要求

在进行设计之前，我们还需要准确把握设计要求。活动要求做的是淘宝店铺的首页面。

因此作为设计师一定要准确把握淘宝店铺首页面的尺寸、特点等设计要求。

（1）店铺首页布局及模块

一个完整的淘宝店铺首页包含很多模块，总体来说可以将其分为头部、中间和底部三块区域。其中头部主要包括店招（店招是店铺的招牌和象征，位于店铺页面的顶端，通常会放置 Logo、商品图片、收藏信息等）和导航。中间是自定义的内容区域，在此区域添加需要展示的商品或者优惠活动等。底部可以放置售后须知、无线端店铺二维码、收藏按钮、店铺活动等。图 12-2 为某淘宝店铺首页的基本布局模块，可以作为设计参考。需要注意的是，中间的部分属于自定义区域，设计者可以根据实际需要，添加相应模块。

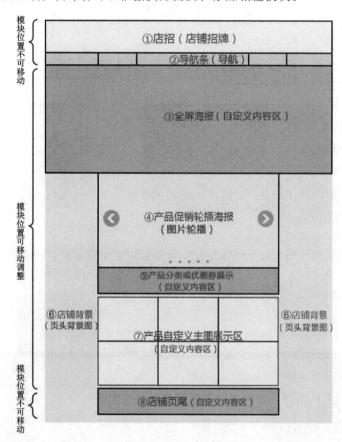

图 12-2　淘宝店铺模块

（2）店铺首页尺寸要求

淘宝店铺首页的页面标准宽度为 950 像素，通栏（在网页中通栏是指能铺满整个显示界面的宽度）显示的宽度为 1 920 像素。因此在设计时，我们可以将版心宽度设置为 950 像素，页面宽度设置为 1 920 像素。

淘宝平台默认的标准店招高度为 120 像素，超出的高度将不会显示，宽度可以设置为与版心等宽或通栏显示。导航栏的高度为 30 像素，宽度同样可以设置为与版心等宽或通栏显示。

（3）字体设置要求

网页界面中，字体编排设计是一种感性的、直观的行为。设计师可根据字体、字号来表达设计所要表达的情感。需要注意的是，使用什么样的字体、字号要以整个网页界面和用户的感受为准。由于大多数用户的计算机里只有基本的字体类型，因此页面内容最好采用常用字体，如"宋体""微软雅黑"等字体（特殊字体可以制作成图片），数字和字母可选择 Arial等字体。

表 12-2 列举了一些常用的字体、字号和样式，其中宋体在使用 12 号、14 号、16 号字体时，字体样式要设置为无，才能在网页中清晰显示。

表 12-2 字体选择

字　　体	字　　号	字 体 样 式	具 体 应 用
宋体	12 像素	无	用于正文中和菜单栏及版权信息栏中；加粗时，用于正文显示不全时出现"查看详情"上或登录/注册上
微软雅黑		其他	
宋体	14 像素	无	用于正文中和菜单栏及版权信息栏中；加粗时，用于栏目标题中或导航栏中
微软雅黑		其他	
宋体	16 像素	无	用于正文中和菜单栏及版权信息栏中；加粗时，用于导航栏中或栏目的标题中或详情页的标题中
微软雅黑		其他	

3. 策划设计作品

了解了活动主题和设计要求后，接下来我们就可以策划设计作品了。设计作品可以从色调和结构两方面尽心策划，具体如下。

（1）色彩

色彩不同的网页给人感觉会有很大差异，在网页设计中色彩是影响人眼视觉最重要的因素。网页的色彩处理的好，可以锦上添花，达到事半功倍的效果。因此"高贵之美"的主题页面可以先从色彩着手。

在各类颜色中，紫色（图 12-3 所示）象征着高贵、优雅、奢华，在国人心目中一直是一种高贵的色彩，因此采用紫色作为主色调，最能体现页面的"高贵之美"。

图 12-3 紫色

（2）结构

设计作品的结构划分，可以参考淘宝中一些同类的网站，但要突出作品自身的特点。图 12-4 为设计作品的结构划分，为了便于读者观察分析，此处直接将效果图的模块进行切分。

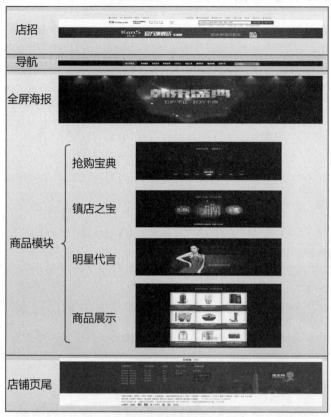

图 12-4　划分结构模块

在图 12-4 所示的页面结构中，将页面分为店招、导航、全屏海报、商品模块、店铺页尾 5 个部分，其中商品模块又被细分为抢购宝典、镇店之宝、明星代言、商品展示 4 个小模块。

12.3　设　　计

了解了店铺首页的设计要求，接下来，我们按照从上到下的顺序制作网页。本节将按照店招和导航、全屏海报、抢购宝典、镇店之宝、明星代言、商品展示、店铺页尾分模块完成设计步骤的演示。

12.3.1　模块一：制作店招和导航

扫码查看"模块一：制作店招和导航的实现步骤"

12.3.2　模块二：制作全屏海报

扫码查看"模块二：制作全屏海报的实现步骤"

12.3.3　模块三：制作商品模块——抢购宝典

扫码查看"模块三：制作商品模块——抢购宝典的实现步骤"

12.3.4　模块四：制作商品模块——镇店之宝

扫码查看"模块四：制作商品模块——镇店之宝的实现步骤"

12.3.5　模块五：制作商品模块——明星代言

扫码查看"模块五：制作商品模块——明星代言的实现步骤"

12.3.6　模块六：制作商品模块——商品展示

扫码查看"模块六：制作商品模块——商品展示的实现步骤"

12.3.7　模块七：制作店铺页尾

扫码查看"模块七：制作店铺页尾的实现步骤"